U0368016

《肉牛健康生产与常见病防治实用技术》

编 写 委 员 会

主　编　赵万余

副主编　吴建宁

编　者　巫　亮　刘吉利　胡玉荣　闫利珍　杨晓梅
　　　　蒲玉杰　伏耀明　宣小龙　赵宝成　杨志奇
　　　　张国俊　谢建亮　王晓琴　吴建宁　赵万余
　　　　赵亚峰

ROUNIU JIANKANG SHENGCHAN YU
CHANGJIANBING FANGZHI SHIYONG JISHU

肉牛健康生产与常见病防治实用技术

赵万余 主编

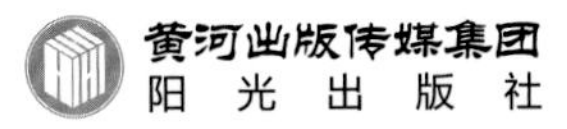

图书在版编目（CIP）数据

肉牛健康生产与常见病防治实用技术 / 赵万余主编.
-- 银川：阳光出版社，2021.7
ISBN 978-7-5525-5956-9

Ⅰ. ①肉… Ⅱ. ①赵… Ⅲ. ①肉牛－饲养管理②肉牛
－牛病－防治 Ⅳ. ①S823.9②S858.23

中国版本图书馆CIP数据核字（2021）第109728号

肉牛健康生产与常见病防治实用技术　赵万余　主编

责任编辑　马　晖
封面设计　石　磊
责任印制　岳建宁

黄河出版传媒集团
阳光出版社　出版发行

出 版 人　薛文斌
地　　址　宁夏银川市北京东路139号出版大厦（750001）
网　　址　http：//www.ygchbs.com
网上书店　http：//shop129132959.taobao.com
电子信箱　yangguangchubanshe@163.com
邮购电话　0951-5014139
经　　销　全国新华书店
印刷装订　宁夏凤鸣彩印广告有限公司
印刷委托书号　（宁）0021085

开　　本　720mm×980mm　1/16
印　　张　12.25
字　　数　200千字
版　　次　2021年7月第1版
印　　次　2021年7月第1次印刷
书　　号　ISBN 978-7-5525-5956-9
定　　价　42.00元

前　言

养牛在我国有着悠久的历史，在养殖户心中具有十分重要的地位。随着国家农业产业结构的调整，农业基础地位的确立，脱贫攻坚成果的逐步实现和人民生活水平的不断提高，肉牛业取得了长足发展。同时，对肉牛高效高质量产业化健康生产提出了更高的要求，肉牛业对科技进步的依赖度更高，肉牛的健康生产和常见病防治对促进肉牛业持续健康稳定发展，提高人民生活质量和建设小康社会都具有重要意义。

《肉牛健康生产与常见病防治实用技术》一书主要集成了肉牛繁育、肉牛营养需要及饲草料加工调制、肉牛场建设与环境控制、肉牛粪污资源化利用、肉牛疫病防控等技术措施，补充修正近几年肉牛养殖常用技术的细节和缺失。编写立足实际，注重实用，通俗易懂，并融入新技术、新理念、新措施和新思路，适合广大肉牛养殖企业、场、户、畜牧兽医工作者和大中专学生参考。

本书肉牛粪污资源化利用技术章节由宁夏重点研发项目（2019BFG02015）提供了技术支撑，在此表示感谢。

书中不妥之处在所难免，恳请读者批评指正。

目　录

第一章　肉牛繁育技术

第一节　常见肉牛的品种

肉牛是发展畜牧业的基础之一，是人类社会生产劳动的成果，也是畜牧业生产经营的一种生产工具。不同品种的肉牛，具有不同的生物学特性及优缺点，探究肉牛品种的目的，就是要掌握其品种特点和优缺点，用于指导制定科学的肉牛品种改良路线，规划合理的肉牛产业布局，肉牛场选择合适的经营模式。我国现存肉牛多是黄牛杂交改良后代，头数多，分布广，遍及全国各地，在各地不同的自然条件和市场经济条件的影响下，形成了几种常见肉牛品种，按照来源分可为地方品种和引进品种。

一、地方品种

（一）秦川牛

1. 原产地及分布

秦川牛主要产于秦岭以北，湃山以南，渭河流域的陕西关中平原地区，其中以咸阳、兴平、武功、礼泉、西安、扶风、乾县等地为集中产区。在陕西渭北高原的部分地区、河南的西部、宁夏的南部和甘肃的庆阳地区也有分布。

关中平原地势平坦，气候温和，平均气温为17℃，年降水量充沛，无霜期180~200 d，土壤肥沃。多元化饲草料资源丰富，当地农民素有种植优质苜蓿草的习惯，犊牛期就开始饲喂优质牧草，犊牛发育良好，成年牛体格高大，品种优良，属中国五大良种黄牛之一。

2. 外貌特征

秦川牛毛多为红色和紫红色，黄色次之，且细致柔软似锦缎；头部大小中等，口方，面平，鼻镜宽大且呈肉红色；牛角为肉色或近似棕色，角短而向外或向后略有弯曲。颈部短，公牛颈上侧隆起，垂肉发达；公牛鬐甲部高而宽，母牛鬐甲部低薄。肩部长而斜；胸部宽而深，公牛胸部发育更好。背腰部平直，肋长而开张；腹部大而圆。尻部长度中等，多为斜尻或尖尻；荐骨部稍微隆起。四肢粗大结实，蹄为圆形，质地坚硬，多为紫红色。

3. 生产性能

秦川牛是优良的役肉兼用型牛种。在机械化农机具普及之前，秦川牛是陕西关中地区农业耕作运输的主要动力。最大挽力，公牛平均为398 kg，母牛为252 kg，阉牛为335 kg。

表 1–1　秦川牛成年牛体尺体重

性别	体斜长 /cm	体高 /cm	胸围 /cm	管围 /cm	体重 /kg
公	160	140	200	20	590
母	140	125	170	17	410

秦川牛肉用价值较高，其肉质细致，瘦肉率高，大理石纹分布明显，口感多汁细嫩，能生产出高档牛肉。易于育肥，平均日增重600 g，平均屠宰

率60%，净肉率51%，眼肌面积90 cm^2，肉骨比6：1。

4. 繁殖性能

秦川牛繁殖性能好，公牛一般在12月龄性成熟，18月龄左右发情，2岁龄开始做种用，8岁淘汰。母牛初情期为9月龄，18月龄后体重350 kg 以上的母牛进行初配，母牛性周期（20±3）d，发情持续1~3 d，妊娠期（285±10）d，产后55 d 左右发情，此时不适合配种，一般延后一个情期再配种。

5. 优缺点

优点：本品种耐粗饲，体躯高大，前躯肌肉丰满发达，骨骼结实，耐力好，发力持久，役用能力强，母牛母性行为明显，性情温和，易于管理。

缺点：体格后躯肌肉发育不够丰满，存在尖尻和肢势不正，母牛产乳性能低，年产乳120 kg 左右。

（二）南阳牛

1. 原产地及分布

南阳牛原产于河南省南阳市白河、唐河和丹江等流域的各县，南阳地区气候温和，年平均气温17℃，年降水量1 000 mm 以上，农业发达，牧草繁茂，由于土壤干硬，需体力强大的耕牛，群众有选留大牛的习惯，属中国五大良种黄牛之一。

2. 外貌特征

南阳牛为大型牛，体高力大，肌肉丰满，步速较快，是著名的“快牛”。毛色有红、黄、红青、黄青和草白5种；公牛头部雄壮方正，有凹沟，母牛头部清秀，多凸起；口大，方正平齐；牛角角基较粗，以萝卜头角为主。公牛颈部短而稍呈“弓”形，母牛颈部薄而成水平状；公牛鬐甲部高，母牛鬐甲不显著；肩部宽厚，胸骨突出，肋间紧密，前胸较窄；腰部较长多凹背；腹部多为垂腹；尻部多为短尻或尖尻。四肢筋腱明显，蹄大结实呈圆形。

3. 生产性能

南阳牛是役肉兼用的较大体型品种，2岁开始役用，4~6岁体力最强。南阳牛的挽用能力比耕地能力强，在平坦的砂石路面上，挽重可达到1 000 kg。

南阳牛肉质细嫩，颜色鲜红，大理石纹分布明显。南阳牛育肥平均日增重800 g，平均屠宰率55%，净肉率46%，眼肌面积92 cm^2，肉骨比5.6∶1。

表 1-2　南阳牛成年牛体尺体重

性　别	体斜长 /cm	体高 /cm	胸围 /cm	管围 /cm	体重 /kg
公	162	147	210	21	630
母	142	126	175	17	415

4. 繁殖性能

南阳牛繁殖性能良好，公牛一般在1.5~2.0岁即可配种，2~3岁时配种能力最强，8~9岁淘汰。母牛初情期为8~12月龄，母牛2岁开始繁殖，3~10岁繁殖能力最强，母牛性周期（19±1）d，发情持续1~3 d，妊娠期289 d左右，怀公犊牛比母犊牛妊娠期大约长4 d，产后约75 d初次发情。

5. 优缺点

优点：本品体躯高大，步伐轻快，行走迅速，前躯肌肉丰满发达，骨骼结实，挽力好，役用能力强。

缺点：体格后躯肌肉发育不够丰满，存在卷腹、垂腹、斜尻、凹背、尖尻等外形缺陷，母牛产乳性能低，一般母乳期6~7个月，年产乳180 kg左右。

（三）鲁西黄牛

1. 原产地及分布

鲁西黄牛的中心产区位于山东济宁和菏泽两地，主要分布于济宁的嘉祥、金乡、济宁、汶上；菏泽地区的郓城、菏泽、鄄城、巨野、梁山等县。

此外，在鲁南地区、河南东部、河北中南部、江苏和安徽北部也有分布。

除山东南部地区和少数山区外，鲁西黄牛多数生活在黄土冲积平原上，平原土层深厚，气温温和，年平均气温为14.2℃，黄河与运河由山东西南过境，雨量适中，河流纵横，农产和饲料丰富。鲁西地区耕地面积广阔，土质黏重，要求体力强的大牛负担耕作运输任务，群众对鲁西黄牛的饲养管理十分精细，均为舍饲，属中国五大良种黄牛之一。

2. 外貌特征

鲁西黄牛体躯高大而稍短，骨骼细，肌肉发达，背腰宽平，侧面看呈长方形。被毛由淡黄至棕红色，具有“三粉”特征（眼圈、口轮和腹下、四肢内测为粉色），毛密、细软光亮，皮薄有弹性；公牛头部方正，短而宽，母牛头部清秀，稍窄长；牛角粗而质地致密，角形不一，多为“龙门角”和“八字角”，角根为灰白色，角尖呈蜡黄或红色。公牛前躯发达，鬐甲高，向前下方伸展，母牛鬐甲平而小；腰部和尻部肌肉发达。母牛后躯发达，尻部平直，大腿肌肉丰满。蹄大而圆，蹄质细嫩，多为棕色。

3. 生产性能

鲁西黄牛具有良好的役用体型，公牛最大挽重300 kg，母牛最大挽重210 kg。

表 1–3　鲁西黄牛成年牛体尺体重

性　别	体斜长 /cm	体高 /cm	胸围 /cm	管围 /cm	体重 /kg
公	157	145	212	21	500
母	138	124	165	15	360

鲁西黄牛皮薄骨细，产肉性能较好，肉用价值高，肌纤维细，肉质嫩度高，大理石纹分布明显，是著名的“膘牛”。鲁西黄牛育肥平均日增重600 g，平均屠宰率57%，净肉率49%，眼肌面积94 cm^2，肉骨比6.9：1。

4. 繁殖性能

鲁西黄牛繁殖性能良好，公牛一般在2.0~2.5岁龄开始做种用。母牛8月龄性成熟，18~24月龄母牛进行初配，母牛性周期（23±2）d，发情持续1~3 d，妊娠期285~290 d，产后35 d左右发情。

5. 优缺点

优点：鲁西黄牛具有役肉兼用与良好的适应能力，性情温驯，易于管理，耐粗饲，易育肥，肉质佳美，屠宰率高。

缺点：体躯背腰发展不平衡，有凹背、草腹、卷腹、尖尻及斜尻现象，有的肢势不正。

（四）晋南黄牛

1. 原产地及分布

晋南黄牛原产于山西省晋南地区，分布较广，整个晋南地区均有分布。

晋南地区地势北高南低，中部平坦，年平均气温13.1℃，冬春季节降雪雨少而风沙大，产区土壤肥沃，农作物以棉麦为主，谷物次之，晋南地区的农民素有种植苜蓿做牧草的习惯。晋南黄牛力大持久，役用性能好，属中国五大良种黄牛之一。

2. 外貌特征

晋南牛体格粗大，骨骼结实、健壮。被毛光泽度好，皮厚而韧，毛色多为枣红，红、黄色次之，头长而偏重，垂肉发达，角形多为“顺分角”，也有“龙门角”和“扁担角”，角根粗，公牛角多为圆形，母牛为扁形。颈部短，公牛颈部粗而略弓；鬐甲宽而略高于背线；胸宽深，前躯发达，腰短而充实。臀部较窄而多斜尻，四肢结实，蹄大而圆，蹄壁多为深红色。

3. 生产性能

晋南黄牛力大且耐力持久，性情温和，易于管理。2.0~2.5岁开始役用，使用年限一般为15年左右。犍牛最大挽重360 kg，母牛最大挽重220 kg。

表 1–4 晋南黄牛成年牛体尺体重

性别	体斜长 /cm	体高 /cm	胸围 /cm	管围 /cm	体重 /kg
公	173	140	205	21.5	650
母	147	126	169	17	400

晋南黄牛皮厚而骨骼结实，南阳牛育肥平均日增重700 g，平均屠宰率54%，净肉率45%，眼肌面积79 cm^2，肉骨比5.7：1。

4. 繁殖性能

晋南黄牛繁殖性能良好，8月龄性成熟，母牛2岁进行初配，繁殖年限10年左右。公牛一般在2.0~2.5岁开始做种用，繁殖年限8年左右。母牛性周期（21±3）d，发情持续1~3 d，妊娠期285 d。

5. 优缺点

优点：本品种耐粗饲，骨骼结实健壮，持久力大，役用性能颇强，性情温和，易于管理。

缺点：体格后躯肌肉发育不够丰满，存在斜尻，母牛产乳性能低，日产乳3.5 kg左右。

（五）延边牛

1. 原产地及分布

延边牛原产于朝鲜及我国的延边朝鲜族自治州，分布于吉林、辽宁和黑龙江等省。

延边牛是19世纪随着朝鲜民族的移居，输入到了我国的东北，后经当地劳动人民细心培育，成为具有能适应当地气候、役用性能优良、肉质较好的役肉兼用型品种，属中国五大良种黄牛之一。

2. 外貌特征

延边牛公牛与母牛体格差别明显，前躯发达，后躯发育较差，皮稍厚而有弹力，骨骼强壮，肌肉结实。被毛长而柔软，为浓淡不同的褐色，头部较小，额部宽平，鼻子中等长；角间宽，角根粗，多向两侧伸展，形如“八”字。公牛颈部高于背线，母牛低于背线；鬐甲长平；胸深；腰短；斜尻。四肢较高，关节明显，肌腱发达，蹄质致密坚硬。

3. 生产性能

延边牛运步轻快，动作灵敏，挽力较大，性情温顺，可驮运、拉车及耕田，尤其是水田作业。公牛可挽重450 kg，母牛252 kg。

表 1–5　延边牛成年牛体尺体重

性别	体斜长 /cm	体高 /cm	胸围 /cm	管围 /cm	体重 /kg
公	151	135	189	20	625
母	139	123	165	17.5	410

延边牛产肉性能良好，易育肥，肉质细嫩，肌肉大理石纹分布明显。延边牛育肥平均日增重800g，平均屠宰率57%，净肉率47%，眼肌面积79 cm^2，肉骨比6.7：1。延边牛产乳性能良好，泌乳期约6个月，平均产乳量600 kg。

4. 繁殖性能

延边牛繁殖性能良好，6~9月龄性成熟，母牛2岁进行初配。公牛一般在3岁开始做种用，繁殖年限8年左右。母牛性周期20~21 d，发情持续1~2 d，妊娠期285 d。

5. 优缺点

优点：延边牛体型结构良好，步伐轻快，抗寒能力强，能耕种水田，为其他黄牛所不能及。耐粗饲，性情温和，易于管理。

缺点：缺乏系统的繁殖和合理的饲养管理，存在体型较小、体高较低、胸较窄、后躯不够发达，后肢多呈“X”状等。

二、引进品种

（一）西门塔尔牛

1. 原产地及分布

西门塔尔牛原产于阿尔卑斯山区，以瑞士西部居多，产区有西门塔尔平原和萨能平原，因西门塔尔平原产牛最为出色而得名。西门塔尔牛原为役用牛，由于市场的需要，促进了该品种向乳肉兼用方向发展，近年来已输入世界各地，属世界上分布最广、数量最多的乳、肉和役兼用品种。

2. 外貌特征

西门塔尔牛属大体型牛，全身肌肉发育良好，骨骼结实，整个体型呈长方形。皮肤厚而有弹性，被毛浓密，额及颈上多卷曲毛。毛色多为红白和黄白花，背和体侧有色毛，肩部和腰部有条状白带，头部、尾帚和四肢下部为白色。西门塔尔牛头大、额宽、鼻直长；两眼距离较宽；角粗而扁平，向两侧生长。颈部长而充实，垂肉发达；胸部宽而深，两肋开张；鬐甲宽圆；背部中等长度且宽平；腰宽而肌肉丰满。尻部长而平，肌肉丰满；尾部附着高且多毛；乳房发育良好，乳头粗大；四肢强壮，蹄质坚硬。

3. 生产性能

西门塔尔牛乳、肉用性能都较好。泌乳期为270~305 d，年产乳量4 070 kg，乳脂率为3.9%。

表 1–6　西门塔尔牛成年牛体尺体重

性别	体斜长 /cm	体高 /cm	胸围 /cm	管围 /cm	体重 /kg
公	180	147	225	24	1 000
母	157	134	187	20	700

西门塔尔牛体重大，增重快，育肥能力强，12月龄内日增重可达到1 000 g，育肥牛屠宰率60%，由于骨骼较为粗大，净肉量相对小。

4. 繁殖性能

纯种西门塔尔牛具有晚熟型，一般在2.5~3.0岁开始配种。母牛妊娠期为190 d，经过近几年的培育，西门塔尔牛母牛初配期可提前到1.5~2.0岁。

（二）安格斯牛

1. 原产地及分布

安格斯牛属于古老的小型无角黑色肉牛品种。原产于英国的阿伯丁、安格斯、金卡丁等郡，因安格斯郡所产的牛最为出名，故因地得名。后经美国、加拿大等一些国家改良育出红色安格斯牛。安格斯牛现已分布于世界各地，在我国的新疆、内蒙古、东北、山东、陕西、宁夏以及湖南、重庆等地多有分布。

2. 外貌特征

安格斯牛属小体型牛，体躯低矮、结实、紧凑。安格斯牛被毛黑色或红色。头部小而方，无角为其主要特征，额宽；颈部厚实中等长；体躯宽深，呈圆筒状，全身肌肉丰满，前后裆较宽，具有现代肉牛的典型体型。

3. 生产性能

安格斯牛肉用性能良好，是世界上专门化肉牛品种中的典型品种之一。该牛适应性强，耐寒抗病，性情温和，易于管理，可以用作终端父本提高后代的胴体品质和肉质。

表 1–7　安格斯牛成年牛体尺体重

性别	体斜长 /cm	体高 /cm	胸围 /cm	管围 /cm	体重 /kg
公	160	131	195	18	650
母	140	119	175	16.5	430

安格斯牛，早熟、易育肥、难产少，胴体品质好，净肉率高，牛肉大理石花纹明显。屠宰率一般为60%~65%，犊牛哺乳期日增重0.9~1.0 kg。

4. 繁殖性能

安格斯牛早熟易配种，12月龄性成熟，一般在1.5~2.0岁开始配种，发情周期20 d，妊娠期280 d，产犊间隔12个月左右，极少难产。

（三）利木赞牛

1. 原产地及分布

利木赞牛原产于法国中部的利木赞高原，原属役用牛。1950年开始培育，1986年建立良种登记簿，1920年以后进行了向专一的肉用方向改良转化。当前世界上70多个国家和地区饲养利木赞牛，在我国的山东、河南、山西、辽宁、黑龙江、宁夏等地都有分布。

2. 外貌特征

利木赞牛属大中型肉牛品种，毛色由黄到红，深浅不一。腕、跗关节以下，腹部、会阴部、眼圈和鼻周围的毛色较浅，多呈草白色和草黄色。头大额宽嘴小。公牛角向两侧伸展，较短并略向外卷，母牛角向前弯曲，较细。胸宽厚，肌肉凸显，全身肌肉丰满。直尻，四肢强健而细致，蹄为红色。

3. 生产性能

利木赞牛生长发育快，早熟，大理石纹形成较早，产肉性能强。胴体品质好，眼肌面积大，前后肢肌肉丰满，骨骼细致，肉质细嫩，脂肪少。母牛泌乳能力强，乳脂率高，能保证犊牛的正常生长和生产优质牛肉。

表 1–8 利木赞牛成年牛体尺体重

性别	体斜长 /cm	体高 /cm	胸围 /cm	管围 /cm	体重 /kg
公	178	140	237	25	1 050
母	160	130	195	20	600

利木赞牛的整个生长期（3月龄到3岁）都可以生产商品肉，育肥牛屠宰率在65%左右，胴体瘦肉率在80%~85%。

4. 繁殖性能

利木赞牛繁殖率高，难产率极低，体躯结构良好，适应性强，耐粗饲，生长速度快，是优良的黄牛改良父本。公牛一般在12~14月龄性成熟，母牛初情期在1岁左右，发情周期18~23 d，初配年龄在18~20月龄，妊娠期272~296 d。

（四）夏洛莱牛

1. 原产地及分布

夏洛莱牛原产于法国的中西部和东南部的夏洛莱和涅夫勒地区，是法国古老的役用牛，18世纪开始选育，1894年建立良种登记簿，1920年育成专门化的肉用品种。我国在1964年和1974年先后两次直接从法国引进夏洛莱牛，目前，在东北、西北、南方等地均有分布。

2. 外貌特征

夏洛莱牛体躯高大而强壮，属大型肉牛品种，被毛为白色或乳白色，有的呈奶油白，皮肤常有色斑。头部中等大，嘴宽方。角圆而长，向前伸展，角质蜡黄。胸部宽深，肋骨较圆，背部和腰臀部肌肉丰满。四肢正直而不过细。

3. 生产性能

夏洛莱牛是法国古老的肉用品种，增重快和瘦肉多是这种牛的两大特点。犊牛生长速度快，公犊牛平均日增重为1 111 kg，母犊牛940 g。饲养条件好的情况下，9月龄体重可达400 kg，育肥日增重1.88 kg，日耗饲料10 kg左右。

表 1–9 夏洛莱牛成年牛体尺体重

性 别	体斜长 /cm	体高 /cm	胸围 /cm	管围 /cm	体重 /kg
公	180	142	244	26	1 110
母	165	132	200	21	750

胴体脂肪少，瘦肉多，但大理石纹不明显。屠宰率在60%~70%，胴体净肉率在80% 左右。

4. 繁殖性能

夏洛莱牛产肉性能良好，但难产率高，难产率高达13.7%。母牛初情期在14~15月龄，但此时不适合配种，要饲养到体重达到500 kg 以上配种，可以降低难产率，并获得良好的后代。母牛性周期平均21 d，发情持续36 h，妊娠期平均286 d。

第二节 母牛的发情

在肉牛生产过程中，母牛繁殖是发展肉牛业的基础。提高繁殖技术是保证肉牛扩群和品种改良的重要手段，也是提高牛肉质量的关键环节。熟练掌握母牛的发情周期和发情特征对适时配种具有重要指导意义。

一、性成熟鉴别

（一）发情阶段

1. 初情期

母牛第一次出现发情表现称之为初情，而初情期是指母牛第一次出现发情或排卵的月龄。一般黄牛在6~12月龄，初情期的出现时间和母牛的品种、营养水平及体重有关系。初情期的母牛发情不规律、不完全，此时母牛常不具备生育能力，不适合配种。

2. 性成熟

性成熟是指初情期后，母牛的生殖器官发育基本完成，能产生成熟的卵细胞，能正常分泌雌激素，具备了繁殖后代的能力。一般黄牛在8~14月龄，性成熟的早晚与母牛的品种、营养、饲养管理水平、气候、生长生存的环境有关系。如果后备母牛营养水平能够满足生长发育的需要，性成熟就比较早，反之则推迟。

母犊牛刚出生时，每个卵巢重0.5 g。3月龄后，卵巢发育加快，囊状卵泡出现，当卵泡发育成熟时，出现排卵，多数母牛会有发情表现。黄牛到25周岁，还能正常排卵，具有生育能力。

3. 体成熟

体成熟是指母牛机体、各个系统、内脏器官已基本发育完成，形体结构接近成年牛，适合繁殖的阶段。一般黄牛在18月龄左右，青年母牛达到体成熟就可以进行配种、妊娠和哺育后代了。对晚熟品种牛来说，体成熟一般在24月龄左右，配种时间不宜过早，譬如夏洛莱牛就是晚熟品种牛。

（二）发情周期

发情周期是指达到性成熟的母牛，在未受孕的情况下，每隔一定时间段就会发情一次，直到卵巢退化为止，这个有规律的发情时间间隔就叫发情周期。母牛的发情周期平均为21 d。母牛发情周期包括发情前期、发情期、发情后期和休情期四个阶段。

1. 发情前期

发情前期是发情期的准备阶段，该阶段卵泡开始增大，雌激素分泌增加，生殖器官细胞增生，上皮组织增厚，生殖道黏液增多，但尚未有黏液排出，母牛无性欲表现。持续时长为3~5 d。

2. 发情期

发情期又叫发情持续期，是指母牛从发情开始到发情结束的阶段。该阶段因母牛的年龄、季节、气候、营养等不同而时间长短也不同，平均持续时间18 h左右，一般持续时间为6~36 h。

（1）发情初期　母牛出生后，卵巢内已有并开始持续产生原始卵泡。母牛生长发育过程中，腺垂体前叶分泌一种激素叫促卵泡激素（FSH），又称卵泡刺激素，成分为糖蛋白，主要功能是促进卵泡发育和成熟，及协同黄体生成素（LH）促使发育成熟的卵泡分泌雌激素和排卵。

发情初期，卵巢内有卵泡迅速发育长大，卵泡中的卵泡素类固醇增多。自然界的类固醇可以随着饲料进入牛机体内，或者在阳光的照射下在动物机体内合成。类固醇和外界的环境、公牛、阳光等共同刺激下，腺垂体大量分泌FSH，FSH促进卵泡迅速发育产生的卵泡素增多，也叫雌激素增多，在雌激素的作用下，母牛生殖道，分泌黏液液量增加，母牛出现哞叫、兴奋和尾随其他牛的发情症状。但此时的母牛还未做好交配准备，其他牛爬跨时拒绝不接受。

（2）发情盛期　在雌激素的持续作用下，母牛分泌的黏液从阴门流出，往往黏于尾根或臀部的被毛上，此时的卵泡突出于卵巢表面，直肠检查触摸时卵泡波动性差，子宫口已开张，母牛已做好交配准备，爬跨时母牛表示接受，无反抗力，后肢分开，举尾拱背，频频排尿。

（3）发情末期　母牛性欲和性兴奋逐渐减弱，不接受其他牛的爬跨，阴门黏液量减少，直肠检查触摸时卵泡波动性增强。

3. 发情后期

当雌激素分泌到一定量时，抑制腺垂体分泌FSH，在雌激素的刺激下，腺垂体分泌黄体生成素（LH），在FSH和LH的共同作用下，使母牛的卵泡成熟并排卵。排卵后，雌激素水平下降，发情结束。黏液分泌逐渐变干，子宫口收缩关闭，阴道表皮细胞脱落。发情后期持续3~4 d。个别牛发情后期会从阴道流出少量血，说明母牛2~3 d前发情。如果流出的血量不多，颜色正常，没有异味，一般不会影响母牛的配种繁殖，这是由于发情时子宫增厚充血，在发情期子宫发生收缩运动，子宫内子叶的边沿组织微血管破裂，发生血液外渗的原因。这种现象的发生跟母牛是否受孕没有直接关系。

4. 休情期

发情停止后，在LH的继续作用下，原来生成卵泡的地方形成黄体。黄体分泌黄体酮，也叫孕酮，黄体酮对腺垂体、生殖道和大脑皮质起到抑制作用。

（1）未受孕　如果母牛发情未受孕，黄体在排卵后15 d左右开始萎缩溶解消失，这个时期的黄体称为“性周期黄体”。

（2）受孕　如果母牛配种受精成功，黄体在腺垂体分泌的催乳素的作用下维持分泌黄体酮的机能。胎盘也能分泌部分雌激素，刺激腺垂体分泌LH，维持黄体的持续，直到母牛分娩后黄体才开始萎缩。这个时期的黄体称为“妊娠黄体”。

不论是“性周期黄体”还是“妊娠黄体”，一旦消失，黄体酮分泌就终止，腺垂体就开始重新分泌FSH，母牛就进入下一个性周期。

二、发情症状

1. 行为变化

母牛发情时常会出现精神兴奋、哞叫、爬跨、频频排尿和食欲下降等行为上的变化，发情盛期愿意接受其他牛的爬跨。

2. 生殖道变化

发情母牛外阴部充血、肿胀，阴唇黏膜充血、潮红有光泽。生殖道黏液分泌量增加并排除。

3. 卵巢变化

卵巢卵泡开始发育，卵泡液不断增加，体积不断增大，卵泡壁不断变薄，排卵后黄体逐渐出现。

三、发情鉴定

1. 外部观察法

外部观察法主要是根据牛的外部变化、精神变化和活动状态来判断发情情况。

发情期的母牛性欲旺盛，精神兴奋，表现得比平常好动，外阴出现肿胀和充血，食欲下降。母牛行为上也会出现变化，发情前期，喜盯住其他牛进行爬跨，但不接受爬跨，阴道流出透明的黏液，量不够多；发情盛期，接受其他牛爬跨，阴道流出半透明黏液，而且量多；发情后期，拒绝爬跨行为，还是会爬跨其他牛，阴道流出黏性和透明度较差的黏液。

2. 试情法

试情法主要是利用公牛来试情，将输精管结扎的公牛放到母牛群，根据母牛的反应来判断发情情况。也可以用切除阴茎的公牛来试情，这种做法还可以杜绝疾病的交叉感染。

3. 直肠检查法

直肠检查法是确定适时配种的最可靠方法。主要是根据隔着直肠壁检查卵巢上卵泡的大小、质地、薄厚等来判断母牛发情情况。这种方法还可以判断母牛子宫的健康程度。

操作方法：①用剪短磨光指甲的手臂，带上专用塑料长臂手套，手指合拢成锥形缓慢旋转伸入牛肛门，掏出牛粪。②手臂伸入直肠，手指伸展，掌心向下，在骨盆底可触碰到质地坚硬的索状物，即为子宫颈。③沿着子宫颈向前可触摸到一浅沟，即为角间沟；角间沟两则向前向下弯曲的地方为子宫角。④沿着子宫角向下稍外可摸到卵巢。牛的卵泡发育可分为四期，具体特点如下。

第一期（卵泡出现期）：卵泡开始发育，突出卵巢表面，卵泡直径0.50~0.75 cm，但波动感不强。此时的子宫颈已变得软化，母牛开始发情，时间大约持续10 h。

第二期（卵泡发育期）：卵泡明显增大，明显突出卵巢表面，卵泡直径1.0~1.5 cm，波动感明显。子宫颈逐渐变硬，母牛发情由盛期逐渐消失，时间大约持续12 h。

第三期（卵泡成熟期）：卵泡不再增大，卵泡壁变薄。波动感强，有一触即破之感。子宫颈变硬，母牛外在发情症状消失，时间大约持续7 h。

第四期（排卵期）：卵泡破裂，在卵巢上留下一个小凹陷，凹陷直径0.6~0.8 cm。子宫颈呈较硬的棒状。排卵发生在母牛性欲消失后的10~15 h。

4. 电子发情监测法

电子发情监测法主要是利用发情母牛的活动来判断发情。母牛发情通常出现在夜晚，人工观察不够方便，电子发情监测系统可以替代人，24 h 监控母牛的活动状态，利用数据分析系统可以分析出母牛是否发情，给人们提供方便，尤其是大型养牛场。分析依据多数是根据母牛每天的运动量来衡量，假如1头母牛平常的运动量为平均每小时100步，发情期运动量可能增加到每小时500步，根据这个原理，发明了电子发情监测系统，弥补了人工观察容易遗漏的不足。

四、发情异常

1. 不发情

母牛由于卵巢病变、子宫疾病和营养水平低下等均可造成不发情。针对这种情况，可采用营养和药物治疗的办法提高母牛体况，治疗产科疾病，使母牛恢复生育能力。

2. 假发情

假发情分为两种情况：一种是母牛妊娠到3~5个月，突然表现出性欲，并且接受其他牛的爬跨，但是阴道无发情黏液，阴道外口呈收缩或半收缩状态，直肠检查能摸到胎儿，这种现象称为“妊娠过半”；另一种是母牛发情的各种外部表现都正常，只是卵巢没有发育成熟的卵泡，也不能正常排卵，这种现象常会表现在卵巢机能发育不全和患有子宫内膜炎的母牛上。对假发情的母牛切勿盲目配种，以防造成流产。

3. 持续发情

造成持续发情的原因有两种：一种是卵泡囊肿，由于不能正常排卵，卵泡持续增生肿大，则分泌过多的雌激素，所以母牛发情期延长；另一种是卵泡交替发育，发情初期是一侧卵泡发育，产生的雌激素促使母牛发情，但随后卵泡发育终止，另一侧卵泡开始发育，产生的雌激素维持母牛发情表现，这样交替产生的雌激素延长了母牛的发情期。正常母牛的发情期为2~3 d，持续时间比较短。

4. 隐性发情

隐性发情就是母牛发情时无或缺少性欲表现。其原因是母牛的促卵泡激素（FSH）和雌激素分泌不足，多见与瘦弱母牛和产后母牛。个别母牛在冬季或长时间舍饲都会造成隐性发情，造成漏情。如果通过直肠检查，适时配种也可受胎。

五、影响母牛发情的因素

1. 自然因素

母牛一年四季均可发情。不同的季节自然环境的温度、湿度、日照和饲料源等不同，发情持续时间和发情间隔也不同。充足的日照、舒适的温度季节母牛发情明显高于其他季节。

2. 营养因素

营养水平的高低在很大程度上影响着母牛的发情，营养水平也不是越高越好，母牛膘情过肥也会导致发情不正常。母牛的营养水平要均衡，维持母牛膘情中等，从侧面观察，能看到突出的三根肋骨即可。

3. 饲料因素

饲料包括精饲料和粗饲料，市场出售的精饲料配方五花八门，料源组成存在很多不确定性和可变性，在一定程度影响着母牛发育。粗饲料中豆科牧草含有少量植物雌激素，长期饲用会造成母牛繁殖力低下。另外，集约化舍饲母牛粗饲料多为青贮玉米，青贮玉米的调制技术和投入严重影响着其质量，青贮玉米的质量在很大程度上影响着母牛的身体健康和繁殖力。

4. 管理因素

母牛的日常健康管理、营养水平管理、棚圈建设管理、防疫卫生管理和生产生活环境管理都影响着母牛的发情。尤其是母牛的产前和产后管理及犊牛的养殖模式明显影响着母牛的发情状况，母牛的分阶段饲养和犊牛的“隔栏补饲”技术的运用都能够很好地保障母牛正常发情。

第三节 配种方法

肉牛饲养中常用的配种方法有自然交配和人工配种。由于自然交配饲养种公牛成本较高，生产中不提倡自然交配，多采用人工授精和胚胎移植等技术手段配种。实际生产过程中如果母牛屡配不孕，也可以采用自然交配提高受孕率。

一、自然交配

自然交配是母牛和公牛直接交配配种的一种方法。自然交配分为本交和人工辅助交配。

（一）本交

在放牧状态下，要维持适当的公母牛比例，1头公牛最多带15头母牛，而且要注意血缘关系，不能近亲繁殖。不适合种用的公牛要去势，小种公牛要分开单独饲养防止早配。

（二）人工辅助交配

在人工饲养状态下，配种旺盛季节，要注意种公牛的营养搭配，适当提高蛋白饲料和青绿饲料的添加量，保持种公牛身体健康。同时，控制好种公牛每天的交配次数，壮年期每天可交配2次，连续配种2 d后就需要休息一天。还要注意不要和生殖道有病的母牛配种，避免疾病传染扩大。每次交配完成后适当在母牛背腰结合部捏一把，并驱赶母牛开始运动，防止精液倒流。

二、人工授精

人工授精是采用人工的方法采取公牛精液，经检验处理后，保存，再用输精枪输送到发情母牛子宫，达到妊娠的目的。

（一）人工授精的意义

人工授精代替自然交配的繁殖方法可以快速扩繁优良品种肉牛的后代，还可通过检查精液质量及早发现和控制繁殖疾病传播，也能及早治疗有生殖疾病的种牛。人工授精技术已成为畜牧业发展中至关重要的技术手段之一，目前已在全国推广运用，对提高肉牛繁殖率和生产效率起到了重大的推动作用。

（二）冷冻精液的保存

牛的精液分装标记好后，50~100粒包装一组，置于添加液氮的液氮罐中保存与运输。液氮罐是双层金属结构，高真空绝热的容器。液氮无色无味，密度比空气小，易气化，不可点燃，温度为 −196℃，遇空气中的水分形成白雾，迅速膨胀。液氮罐储存液氮过程中应注意以下几点。

1. 规范装液氮

向常温液氮罐装液氮前要先预冷，具体做法是，向液氮罐放入少量液氮，形成液氮冷气静置2~3 min，如此重复2~3次，以防爆破。液氮罐装满液氮后，先用塑料泡沫封口要严实，再盖上盖子，避免液氮泄漏，如发现液氮罐口有结霜现象，要及时换罐。

2. 定期添加液氮

液氮罐内的贮精袋提斗不得暴露在液氮液面外面，要注意检查液氮罐液氮存量，液氮存量减少到容积的50%~60% 时就应补充。长途运输中更要及时补充液氮，避免损坏容器和降低精液质量。

3. 定期清洗液氮罐

液氮罐的清洗时间间隔为1年，贮精提斗转移时要迅速，在空气中暴露的时间不能超过5 s。清洗时将液氮全部倒空，等容器内温度恢复到室温，以40~50℃温水刷洗干净，倒置吹干，可再次使用。

4. 规范取用冷冻精液

从液氮罐取出精液时，贮精提斗不得提出液氮罐，提到罐颈处，用长柄镊子夹取，如经15 s，还未取出精液，要放回液氮浸泡一下再继续提取。

（三）输精前的准备

1. 母牛的准备

母牛经发情鉴定，确认已达到可输精阶段后，保定好母牛，用温水清洗母牛外阴，消毒，尾巴斜向上拉向一侧。

如果母牛是初配，要依年龄和体重决定小母牛是否长到可配种阶段。要求体重应达到成年母牛体重的65%~75% 可进行第一次配种。一般在16~22月龄。原则是：小体型牛体重达300~320 kg，中体型牛340~350 kg，大体型牛380~440 kg 就可配种。

2. 冷配改良员的准备

冷配改良员穿好工作服，指甲要剪短磨光，手臂清洗消毒后带上专用长臂手套。

3. 输精器械的准备

对输精枪用75% 的酒精棉球擦拭消毒后，再用生理盐水冲洗，水分晾干后用消毒过的纱布包好放入瓷方盘中备用。

4. 精液的准备

（1）解冻　细管冻精解冻时，取出细管冻精，检查细管上的种牛编号，并做好记录。将细管封口端向下，棉塞端朝上，投入38.5~39.5℃的保温杯温水中约15 s，待细管颜色一变立即取出用于输精。

（2）精子活力检查　随机抽取每批次样品冷冻精液1~3支，取出精液置于37℃显微镜载物台镜检，精子活力达到30%以上可以使用。这种抽查方法每隔一段时间进行一次，保证精液质量。

（3）装枪　从保温杯取出冻精，用纸巾或无菌干药棉擦干残留水分，用细管专用剪刀剪掉非棉塞封口端。把输精枪的推杆退到与细管长度相等的位置，将剪好的细管棉塞端先装入枪内，再把输精枪装进一次性无菌输精枪外套管，拧紧外套管。

（四）输精

1. 输精时间

精子在母牛生殖道的正常寿命是15~24 h，而母牛发情持续期大约18 h，排卵时间一般在发情结束后7~17 h，排卵前后最有利于受孕，所以最佳的输精时机是在发情中、后期。生产实践中常根据发情的时间来推断适宜的输精时间。一般规律是母牛早晨（9：00以前）发情，应在当日下午输精，若次日早晨仍接受爬跨应再输精一次；母牛下午或傍晚接受爬跨，可在次日早晨输精。为了真正做到适时输精，最好是通过直肠检查卵巢，根据卵泡发育程度加以确定。当卵泡壁很薄，触之软而有明显的波动感时，母牛已处于排卵的前夕，此时输精能获得较高的受胎率。

2. 输精部位

普遍采用子宫颈深部（子宫颈内）2/3~3/4处输精。

3. 输精次数

由于发情排卵的时间个体差异较大，一般掌握在1次或2次为宜。盲目增加输精次数，不一定能够提高受胎率，有时还可能造成某些感染，发生子宫或生殖道疾病。

4. 输精剂量

颗粒精液的输精量为1 ml，细管精液有两种规格，一种是0.5 ml，另一种是0.25 ml，直线前进运动精子数在1 500万个以上。

5. 输精方法

目前最常用的是直肠把握输精法。输精员一只手戴上薄膜手套，伸入母牛直肠，掏出宿粪，把握住子宫颈的外口端，使子宫颈外口与小指形成的环口持平。用深入直肠的手臂压开阴门裂，另一只手持输精器由阴门插入，先向上倾斜插入5~10 cm，以避开尿道口，而后转成水平，借助握子宫颈外口处的手与持输精器的手协同配合，使输精器缓缓越过子宫颈内的皱襞，进入子宫颈口内5~8 cm 处注入精液，抽出输精器检查输精枪是否有精液残留，如果有的话再输精一次。

三、胚胎移植（GB / T 26938—2011 牛胚胎生产技术规程）

胚胎移植也叫受精卵移植，是将具有优良稳定遗传性状的公母牛交配后的早期胚胎，或者通过体外受精及其他方式得到的胚胎，移植到另一头生理状态一致的母牛体内，使之继续发育为新个体的技术。

（一）供、受体牛的选择

供体公牛要求谱系清楚，遗传性转稳定，个体品种特点明显，体貌符合品种特点，牛体健康无病，最好正值壮牛。供体母牛除了公牛的这些要求外，还要求选择1~2的经产牛。受体牛要求身体发育健康成熟且体格较大，繁殖机能正常，没有流产史，膘情中等，性情温顺。

（二）供体牛的超数排卵

牛超数排卵的核心技术是在不损害供体牛与卵母细胞成熟、排卵、受精、胚胎发育相关过程情况下，对供体牛进行处理，以提高排卵率及可用胚胎数。在母牛发情周期的一定时间给予外源促性腺激素，如促卵泡激素（FSH）处理，从而使供体母牛卵巢上有多枚卵泡能够发育成熟并排卵，在人工授精后一定时间内通过非手术采集而获得多枚胚胎的技术。

能繁母牛的卵巢中只有一小部分卵母细胞可以排卵，排卵在发情后开始，妊娠期间终止。初情期后母牛卵巢上腔前卵泡的生长不需要促性腺激素的支持，在卵巢旁分泌和自分泌作用的调控下即可由静止原始卵泡自发进入生长卵泡，但是当卵泡发育至有腔卵泡阶段及其随后的发育进程则依赖于血液中足够的促性腺激素的支持[1]，缺少 FSH 的支持，卵泡就无法继续发育而发生闭锁退化。一头母牛最理想的状态是每年生产一头小牛，如果在适宜的发情状态下对母牛注射外源 FSH，以弥补牛血中因 FSH 浓度下降导致的内源性 FSH 不足，就可使母牛卵巢上多枚有腔卵泡都能得到充分的 FSH 的维持，从而得以继续生长发育、形成优势卵泡并排卵[2]，从而起到超数排卵的作用。由于卵巢对性腺激素的反应因个体不同而有较大差异，因而发育的卵泡数、排卵数及受精率等也不尽一致[3]，每头牛每年超数排卵排卵数为4~5枚[4]，其中可用于胚胎移植的卵细胞有80%~85%[5]，这样一来每头牛每年可用于移植胚胎有3~4枚。母牛常用的超数排卵方法有两次氯前列烯醇（PG）+促卵泡激素（FSH）法和阴道栓（CIDR）+促卵泡激素（FSH）法。

两次 PG+FSH 法：供体母牛肌肉注射4 ml PG 后，间隔10 d，再次注射

4 ml PG。在第2次肌肉注射 PG 后的第14天开始进行超排处理。注射 FSH 采用递减法，连续4 d，间隔12 h，早晚各注射一次，注射量顺序为70 IU/ 次、60 IU/ 次、50 IU/ 次、40 IU/ 次，总量为440 IU。在注射 FSH 的第3天，同时注射 PG。在注射 PG 后第2天，早晚各输精1次，第3天如果牛发情依然旺盛，可再补输精1次。

CIDR+FSH 法：供体母牛在植入 CIDR 后的第11天开始注射 FSH。注射 FSH 采用递减法，连续4 d，间隔12 h，早晚各注射一次，注射量顺序为4 ml/ 次、3 ml/ 次、2 ml/ 次、1 ml/ 次，总量为20 ml。在第3天注射 FSH 的同时，上下午各注射1.5 ml PG，在第4天上午注射 FSH 后，取出 CIDR，取出 CIDR 次日上、下午各输精1次。观察母牛发情情况，可补输精一次。

（三）冲胚与检胚

在配种后第6~8 d 开始冲胚。牛只保定和配种一样，用2% 的普鲁卡因5~10 ml 做尾椎硬膜外麻醉。冲胚液要先进性预热，预热温度为37℃。用扩张棒打开子宫颈通道，采用直肠把握法将冲胚管插入阴道，通过子宫颈将冲卵管插到一侧子宫角，当到达子宫角大弯部位时，钢芯稍微退出，冲卵管继续缓慢反复向前推进，直到冲卵管前端到达子宫角深部。用注射器往冲卵管冲气孔注入空气使气球膨胀，堵住子宫角即可，关闭进气孔后，将通针取出开始冲胚。另一侧重复这样的操作。利用过滤法或沉淀法回收胚胎，然后在显微镜下镜检，用玻璃吸管将胚胎吸出，移到培养液平皿中。

（四）胚胎的质量控制

在显微镜下根据胚胎的分裂程度、发育阶段、形态颜色、透明带和变性情况鉴定。用形态学方法进行胚胎质量鉴定，将胚胎依次分为 A、B、C、D 四级。

A 级：透明带完整无缺陷、薄厚均匀，胚龄与发育阶段相一致，卵裂球轮廓清楚，透明度适中，细胞密度大，卵裂球均匀，无游离细胞或很少，变性细胞比例少于10%。

B 级：透明带完整无缺陷、薄厚均匀，发育阶段基本符合胚龄，轮廓清楚，明暗度适中或稍暗或稍浅，细胞密度较小，卵裂球较均匀，有小部分游离细胞，变性细胞比例为10%~20%。

C 级：透明带完整或有缺陷，轮廓不清楚，色泽过暗或过淡，细胞密度小，突出细胞占一多半，细胞变性率为30%~40%。

D 级：透明带完整或有缺陷，胚胎发育停滞、变性、卵裂球少而散，为不可用胚胎。

（五）胚胎移植

1. 受体的同期发情处理

同期处理之前受体牛进行直肠触摸，检查卵巢是否有周期性黄体。主要是通过肌注 PG 法和 CIDR 法（NY/T 1572—2007）进行同期发情处理。受体牛跟群观察，以受体牛稳定站立接受其他牛爬跨为发情盛期，准确记录，做好胚胎准备。

2. 受体牛的胚胎移植

受体牛在发情后6~8 d 均可进行移植，移植前对受体牛进行直肠检查，检查黄体，有发育黄体的母牛用于移植，受体牛实行1~2尾椎间硬膜外麻醉，清洗消毒外阴部。将胚胎装入0.25 ml 塑料细管，再套上无菌隔离外套，将胚胎移植到受体牛有黄体侧子宫角。注意移植枪的前端保持无菌，把装有细管的移植枪套上移植硬外套。

表 1–10　胚胎发育期与受体移植时间的对应关系

胚胎发育期	受体移植时间 /d（发情之时为 0 d 时）
桑葚胚（M）	6.0~6.5
早期囊胚（EB）	6.5~7.0
囊胚（B）	7.0~7.5
扩张囊胚（EXB）	7.5~8.0

在移植后60~90 d 对受体牛进行妊娠检查，对已妊娠的受体牛要加强饲养管理，避免应激反应。妊娠受体牛在产前3个月要补充足量的维生素、微量元素，适当限制能量摄入，保证胎儿的正常发育，避免难产。

第四节　母牛的妊娠与分娩

一、妊娠期

母牛配种以后，从受精开始，经过发育到成熟的胎儿娩出为止，这段时间称为妊娠期。肉牛的妊娠期一般为275~285 d。平均为280 d。

二、妊娠检查

配种后要及早地判断母牛的妊娠情况，以防母牛空怀；对没有受胎的母牛则应及时配种，因此要做好妊娠检查工作。

1. 外部症状观察法

母牛配种后，经过一两个发情周期不再发情，证明可能妊娠了。母牛妊娠后，性情变得安静、温顺，食欲逐渐增强，被毛光亮，身体饱满，腹围逐渐增大，乳房也逐渐增大。妊娠后期，母牛后肢及腹下出现水肿现象。临产前，外阴部肿胀，松弛，尾根两侧明显塌陷。但这种方法并不完全可靠，因未受胎牛可能有安静发情，已受胎牛也可能有假发情现象。

2. 阴道检查

一般对妊娠怀疑时才使用，母牛配种后1个月进行。妊娠的母牛，当开膣器插入阴道时，有明显的阻力，并有干涩之感，阴道黏膜苍白，无光泽，子宫颈口偏向一侧，呈闭锁状态，为灰暗浓稠的黏液塞封闭。

3. 直肠检查法

直肠检查法是妊娠鉴定方法中比较准确而且使用最普遍的方法。在配种后60~90 d进行第一次检查。主要检查子宫角的变化和卵巢上黄体的存在。

（1）妊娠牛　触摸一侧卵巢体积增大约核桃大或鸡蛋大，呈不规则形，质地较硬，有肉样感，有明显的黄体突出于卵巢表面，触摸另一侧卵巢无变化。子宫角柔软或稍肥厚，但无病态变化，触摸时，无收缩反应，可判定为妊娠。

（2）未妊娠牛

①两侧卵巢一般大或接近一般大，为未妊娠。

②两侧卵巢的大小与发情检查时恰恰相反，为未妊娠。

③两侧卵巢一大一小、大的如拇指大或核桃大，小的如食指大或小指大，有滤泡发育，为未妊娠。

④一侧卵巢大如鸡蛋，既有黄体残迹，又有滤泡发育，触摸时卵巢各部质地软硬不一致，不像卵巢囊肿时那样软，又不像妊娠黄体那样硬。其原因是上次发情在这侧卵巢排卵。后形成黄体，因未受胎，黄体正在消退中，下

次发情前本侧卵巢又有新的滤泡发育。所以同一卵巢上同时存在黄体残迹和发育滤泡，是未妊娠的表现。母牛妊娠后第一个月内，胚胎在子宫内处于游离状态，或胚胎与母体联系不紧密，当生存条件发生突变时，易造成隐性流产。因此，第一次检查妊娠后，仍需第二次检查。除检查卵巢有黄体存在外，主要检查子宫角的变化。如无收缩反应，可判定为妊娠。如果妊娠虽有黄体存在，而两侧或一侧子宫角饱满肥厚，如灌肠样，触诊有痛感，则是子宫内膜炎症状。卵巢黄体属于持久黄体，母牛既没有妊娠也不会发情，应该抓紧时间予以治疗。

4. 煮沸子宫颈黏液诊断法

用少量子宫颈黏液，加蒸馏水4~5 ml 混合，煮沸1 min，呈块状沉淀者为妊娠，上浮者为未妊娠。此法可检出妊娠30 d 以上的母牛。

三、预产期推算

母牛妊娠后，为做好下一步的生产安排及分娩前的准备工作，应大致确定妊娠母牛的预产期。其推算的方法，预产期可按配种月份减3，日数加6的公式计算。

例一：3号母牛于2000年5月10日配种。它的预产月份为：5−3=2（月）；预产日期为：10+6=16（d），即3号母牛预产期在2001年2月16日。

例二：5号母牛于2001年1月28日配种。它的预产期为：月份不够减，须借一年，故加12，则1+12−3=10（月）；日数加上6已超过1个月的天数，故减去30 d，再往月份里加上1个月。即预产月份是10+1=11（月），预产日期28+6−30=4（d），所以5号母牛的预产期是在2001年11月4日。

四、母牛分娩

1. 临产征兆

临近分娩的母牛，尾根两侧凹陷，特别是经产母牛凹陷得厉害；乳房胀大，分娩前1~2 d内可挤出初乳。阴唇肿胀、柔软，皱褶开始展平，封闭子宫颈口的黏液塞开始融化，在分娩前1~2 d呈透明的索状物从阴门流出，垂挂于阴门外。母牛食欲减退，时起时卧，显得不安，频频排粪尿，头不时回顾腹部。此时，分娩即将来临，要加强护理，做好接产准备工作。

2. 孕牛围产期的饲养管理

产前15 d开始加料，一般在此之前的孕牛喂精料1~2 kg，应在此基础上加料0.5 kg，保证产后营养平衡，缓解产后因能量不平衡造成母牛体重减轻，同时还可降低酮体症的发病率，为预防产后瘫痪，可在产前8 d注射适量维生素D，如第8天还未分娩，可再注射1次。每日喂粗饲料，最好是秸秆干草和青贮玉米，达到日粮低钙的效果。为预防酮体症，产前8 d开始，每天补喂125~250 g丙二醇和6~12 g烟酸，可预防酮体症。对胎衣不下，日粮中补加硒和维生素E，即在产前第8天，每天补硒10~15 mg，维生素E50~150 mg，也可产前第9天每天注射孕酮100 mg。

3. 分娩过程与助产

母牛分娩过程分3个阶段，即开口期又称准备期，一般为2~6 h；产出期0.5~4.0 h，母牛不安，时起时卧，弓背努责，经多次努责胎囊由阴门流出，12~20 min后羊膜破裂，然后胎儿前肢和头部露出，再经过强烈努责将胎儿排出，若是双胎，第2个胎儿将在20~120 min娩出。胎衣排出期，胎衣在胎儿分娩后的5~8 h排出，最长12 h，超过12 h按胎衣不下处理。助产的方法是：分娩时若努责无力，在挤出胎儿时应配合努责进行，并保护好阴门；若是倒生，当后肢露出后，应立即拉出，以防止腹部受压迫，造成胎儿窒息；若是胎位不正常，应矫正胎位，矫正要在努责间隙进行。当羊膜排出后未破时将羊膜扯破，胎儿露出头后，将胎儿口腔与鼻镜周围的黏液擦净，以利胎儿呼吸。初产牛难产率高，在5%左右，经产牛在1%左右，母牛初配时间越早难产就越高。

第五节 提高母牛繁殖力的主要措施

母牛繁殖力的高低，受到多种因素的影响，主要与饲养、繁殖管理、繁殖技术和疾病防治等有密切关系。

一、加强饲养管理

营养缺乏或失衡是导致母牛发情不规律、受胎率低的重要原因。如缺乏蛋白质、矿物质（如钙、磷）、微量元素（如铜、锰、硒）、维生素（维生素A、D、E）均可引起母牛生殖机能紊乱。如果营养水平过高，造成母牛过肥，生殖器官被脂肪所充塞，使受胎率下降和难产；营养过于贫乏，则体质消瘦，影响母牛发情配种；营养比例不当，易发生代谢疾病，也会影响繁殖机能。在管理上，牛舍建筑要宽敞明亮，通风良好，运动场宽大平坦，做到冬有暖舍，下有凉棚。对妊娠母牛应防止相互拥挤碰撞引起流产。

二、做到适时配种

要及时观察、检查母牛发情情况，把握好时机，及时配种，这样能提高受胎率。母牛产犊后20 d生殖器官基本恢复正常，此时，注意发情表现，产后1~3个情期，发情及排卵规律性强，配种容易受胎。随时间推移，发情与排卵往往失去规律性而难以掌握，有可能造成难孕。对于产后不发情或发情不正常的母牛要查找原因，属于生殖器官疾患的要及时治疗，属于内分泌失调的应注射性激素促进发情排卵，以便适时配种。

三、提高人工授精技术水平

养殖户与人工授精员要互相配合，掌握好发情期，做到适时输精；配种员要熟练掌握母牛发情鉴定，应用直肠把握输精方法检查发情、排卵和配种后的妊娠检查工作，从而提高受胎率；精液解冻后要检查活力，只有符合标准方可用来输精；配种员要严格执行操作规程。

四、注重疾病防治

布氏杆菌病和结核病等传染病、子宫内膜炎、卵巢囊肿、持久黄体等生殖器官疾病对牛群健康、繁殖影响最大，必须加以控制，防止传染蔓延。在生产中要及时检查，发现病症及早治疗，早愈早配，提高繁殖力。

第二章　肉牛营养需要及饲草料加工调制技术

第一节　肉牛的消化特点及营养需要

一、牛的消化特点

牛是典型的反刍动物，采食草料的速度快且咀嚼不充分，采食量大，反刍时间长，卧槽倒嚼是牛的习性。

（一）牛胃的特点

牛胃为复胃，分为瘤胃、网胃、瓣胃、皱胃。前三个胃没有腺体，称为前胃，第四个胃能分泌胃液，称真胃。牛胃的总容积因年龄和品种不同而异。牛胃瘤胃容积占整个胃总容积的78%~85%，为150~200 L，占牛活体重的20%~30%。

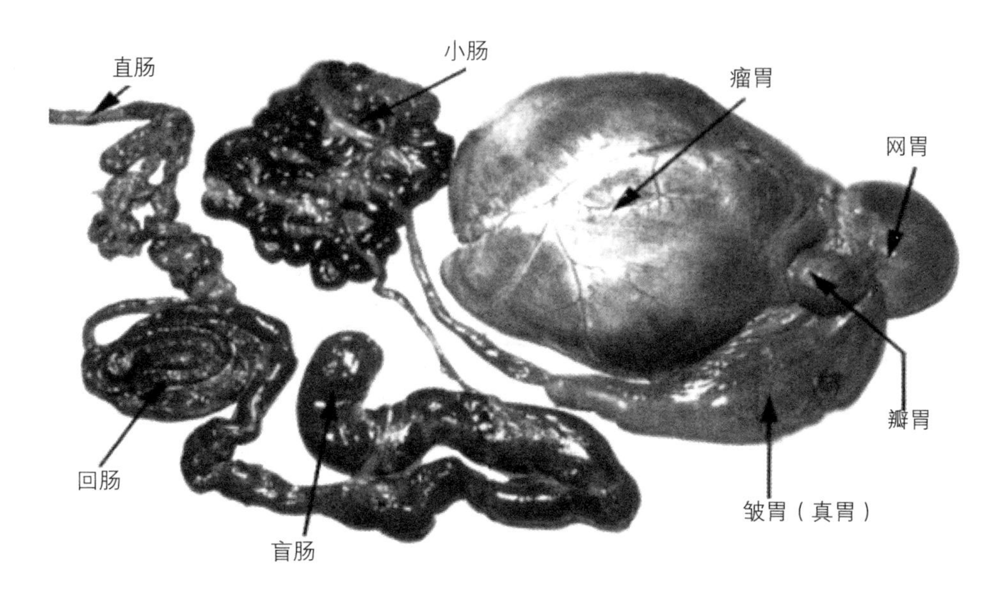

图2-1 成年牛胃肠道结构

牛的胃肠道不同部位对摄入的饲料起着不同的消化作用，各自区段的划分见图2-1。大部分营养物质在小肠到回肠一段被吸收。

（二）牛瘤胃的功能

牛瘤胃虽然不能分泌消化液，但胃壁强大的纵行肌肉环能够强有力地收缩与松弛，节律性的蠕动以搅拌和揉磨胃中的食物。瘤胃存在大量的微生物，其生命代谢活动对食物的分解与营养物质的合成起着重要作用，有人把牛瘤胃称做是一个活的、庞大的、高度自动化的“饲料发酵缸”。瘤胃内温度为39~42℃，pH5.5~7.5，随着饲草料种类、配比、新鲜程度和内环境的变化，牛瘤胃温度和pH也会发生变化，一天中变化多次。瘤胃内含有大量与牛“共生”的细菌和原生虫，瘤胃内容物含有150亿~250亿个微生物，绝大部分为兼性厌氧细菌，好气性细菌100万左右，纤毛虫60万~100万。瘤胃微生物约占牛瘤胃液容积的3.6%，其中细菌和纤毛虫各占容积的50%。细菌和纤毛虫都具有分解饲料中纤维素、糖类和合成蛋白质及营养物质的能力，饲料中70%~80%的可消化干物质和50%以上的粗纤维素在瘤胃内消化，产生挥发性脂肪酸（VFA）、二氧化碳（CO_2）和氨气（ NH_3），以合成自身需要的蛋白质和B族维生素及维生素K。

1. 牛瘤胃内纤维素的降解

饲料中碳水化合物主要包括粗纤维、淀粉、双糖和单糖，在瘤胃中发酵产生的挥发性脂肪酸（VFA）是反刍动物的主要能源，牛瘤胃一昼夜所产生挥发性脂肪酸，为2 5120.8~50 241.6 kJ 热能，占机体所需热能60%~70%。纤维素是饲料中最难消化利用的成分，主要依靠瘤胃微生物产生的纤维素分解酶作用，通过逐级分解，产生的挥发性脂肪酸，在瘤胃内被直接吸收，大部分经血液循环进入肝脏被转化或供给牛体组织作为能量来源，乙酸：丙酸：丁酸比例大概是为70：20：10。

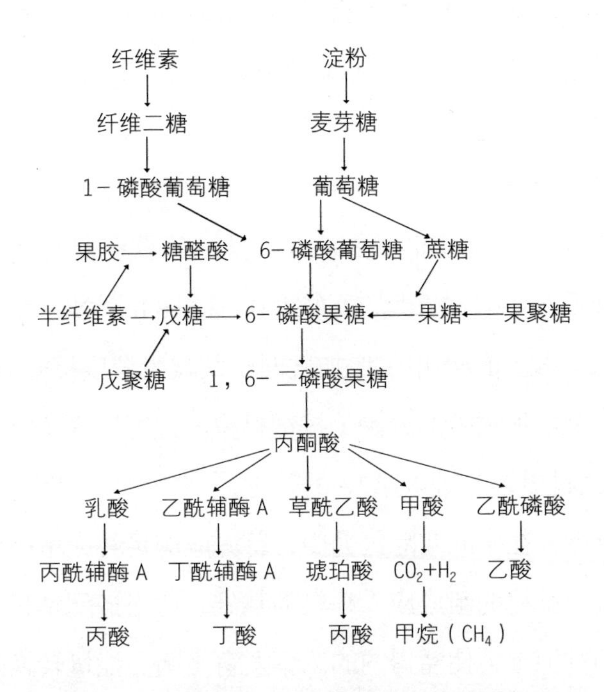

图2-2 瘤胃内碳水化合物饲料降解过程示意图

2. 牛瘤胃内氮的代谢

饲料中的蛋白质和非蛋白氮，在瘤胃微生物的蛋白酶作用，被分解为氨基酸、氨和有机质。微生物能够利用这些简单含氨的物质合成微生物蛋白质，也能利用尿素和铵盐合成微生物蛋白质，瘤胃24 h能合成400~700 g，占瘤胃内蛋白质的20%~30%。

这就是牛瘤胃消化的主要特点之一。

（三）牛的反刍

牛另外一个消化的特点就是反刍。牛口腔上颌没有切齿和犬齿，采食是依靠上颌的肉质齿床和下颌的切齿与唇舌协同来完成的，牛每次进食量很大，进食草料速度较快，但咀嚼不细，通过反刍调节瘤胃的消化代谢。牛采食饲料后，经初步咀嚼，混以大量碱性唾液（pH 8.1左右）。牛采食过程粗糙，饲料未经咀嚼形成食团，直接吞入瘤胃，在休息时，经浸泡和软化的饲料，刺激网胃、瘤胃前庭、食管沟的黏膜感受器，产生逆蠕动，将未经咀嚼的饲料反送到口中，再进行咀嚼，吞咽到胃中。一般在喂饲料后0.5~1.0 h开始反刍，反刍包括逆呕、再咀嚼、再混唾液和再吞咽四个过程。据实际观察和试验，牛每次反刍持续时间40~50 min。然后间歇一段时间再进行下次反刍。一般每昼夜反刍6~12次，反刍的时间可达6~8 h之多，而每昼夜分泌的唾液为100~200 L。反刍的作用：增加表面积及减少粒度接触微生物的机会，提高饲料消化率；增加唾液的分泌；按饲料粒度进行选择（液体和小粒饲料流入前囊），使饲料更容易进入第2、3胃。

根据以上特点，在牛的实际饲养中，首先应满足其大量采食的需要，给以饱食的饲料量。饲料的组成应以粗料为基础，适当搭配精料，做到适口性强、多样化和相对稳定，使瘤胃内的菌相发育平衡、能量转换处于高效率水平。在生产安排上，还应给予充分的休息时间与安适的环境，以保证其正常反刍，否则会扰乱消化机能，对牛体健康和生产带来不良后果。

（四）牛的嗳气

反刍动物通过嗳气排出瘤胃微生物发酵所产生的大量气体（CO_2\CH_4）。通常瘤胃内游离的气体处于瘤胃背囊、当瘤胃内气体增多，胃内压升高，刺激瘤胃贲门的牵张感受器，引起嗳气动作。瘤胃每2次收缩发生一次嗳气，成年牛瘤胃每分钟产生2 L气体，一昼夜达600~700 L。除一少部分气体被微生物利用，大部分通过嗳气排出（已成为全球变暖的因素之一）。当气体的产生量大于排出量时会造成瘤胃臌气。

二、牛生长所需养成分

牛生长所需的养分包括能量、蛋白质、脂肪、矿物质、维生素和水等。

（一）能量

能量是牛正常生长、生存、发育和生产的需要。如果能量供应不足会造成机体消瘦，此时能量为负平衡。

（二）蛋白质

饲料中的粗蛋白质进入瘤胃后，60% 的饲料蛋白质和非蛋白氮被微生物降解成小肽、氨基酸和氨，然后再被微生物合成菌体蛋白，饲料中未被降解的蛋白质和菌体蛋白一起进入皱胃和小肠。蛋白质是牛体组织再生、修复和更新所必需的营养物质，通过同化作用和异化作用保持体内蛋白质的动态平衡。通常情况下，牛体组织蛋白质12~14个月更新一次。

（三）脂肪

牛体一般不会缺少脂肪，但是当母牛能量负平衡时，体脂动用过多过快，会产生大量酮体，从而引发酮病，给生产造成很大损失。解决能量负平衡的有效办法是在日粮中补充一定量的过瘤胃脂肪。饲料中添加适量的脂肪，一方面可以增加体内能量浓度，使得动物在一定采食量下获得更多的能量；另一方面可以提高乳脂率，减少酮病发生率。

（四）矿物质

矿物质根据牛体需要量分为常量元素（含量占体重0.01%以上）和微量元素（含量占体重0.01%以下）。常量元素包括钙（Ca）、磷（P）、钾（K）、钠（Na）、氯（Cl）、硫（S）、镁（Mg），微量元素包括铜（Cu）、铁（Fe）、锌（Zn）、硒（Se）、钴（Co）、碘（I）、锰（Mn）。矿物质在牛体内过量和缺乏都会引起代谢病，在添加矿物质时要严格按照动物身体状态和需求量添加。

1. 常量元素

（1）Ca

牛机体中的Ca约99%构成骨骼和牙齿。Ca在维持神经和肌肉正常功能中起抑制神经和肌肉兴奋性的作用，但Ca过多会引起磷和锌的吸收不足，导致尿石症；当血Ca含量低于正常水平时，神经和肌肉兴奋性增强，引起动物抽搐，导致产后母牛昏迷。Ca也可促进凝血酶的激活，参与正常血凝过程。Ca还是多种酶的活化剂或抑制剂。

（2）P

牛机体80%的P存在于骨骼和牙齿中。P以磷酸根的形式参与糖的氧化和酵解，参与脂肪酸的氧化和蛋白质分解等多种物质代谢。在能量代谢中P

以三磷酸腺苷（ATP）和二磷酸腺苷（ADP）的成分存在，在能量贮存与传递过程中起着重要作用。P 还是 DNA（由核糖核苷酸组成）、RNA（由脱氧核糖核苷酸组成）及辅酶Ⅰ、Ⅱ的成分，与蛋白质的生物合成及动物的遗传有关；另外，P 也是细胞膜和血液中缓冲物质的组成成分。牛的钙磷需要量比例为1：1~1：2。

（3）K

K 在维持细胞内渗透压和调节酸碱平衡上起着重要作用。也能调节水的平衡，调节神经冲动的传导和肌肉收缩。在许多酶促反应中作为激活剂和辅助因子。植物性饲料中 K 的含量比较丰富，尤其是幼嫩植物，一般情况下，牛饲料中不会缺钾。如果钾摄入过量，影响 Na 和 Mg 的吸收，可能引起“缺镁痉挛症”。

（4）Na 和 Cl

Na 和 Cl 主要分布在牛体的体液和软组织中。Na 和 Cl 的主要作用就是维持细胞内渗透压和调节酸碱平衡。Na 也可促进肌肉和神经兴奋，并参与神经冲动的传递。在饲料中添加食盐（NaCl）可以提高部分饲料的适口性。

（5）S

S 是牛体内以含硫氨基酸（蛋氨酸、半胱氨酸、胱氨酸、牛磺酸等）形式参与牛被毛、角和蹄子等胶原蛋白的合成。S 是硫胺素、胰岛素和生物素的组成成分，参与碳水化合物的代谢。在牛的日粮饲料中一般不会缺 S。

（6）Mg

牛机体中约70% 的 Mg 参与骨骼和牙齿的构成。Mg 具有抑制神经和肌肉兴奋性及维持心脏正常功能的作用。在糠麸、饼粕和青贮饲料中含 Mg 比较丰富。牛如果缺 Mg 会变现为神经过敏，肌肉痉挛，呼吸弱，抽搐，甚至死亡，可利用氧化镁、硫酸镁和碳酸镁进行补饲。

2. 微量元素

（1）Cu

Cu对造血起催化作用，促进合成血红素。Cu是红细胞的组分成分之一，可加速卟啉的合成，促进红细胞成熟等。缺Cu影响动物正常造血功能，可给牛补饲硫酸铜。Cu在饲料中分布比较广泛，尤其是豆科牧草、豆粕、豆饼和禾本科籽实等含Cu比较丰富，动物体一般不会缺Cu。

（2）Fe

Fe是合成血红蛋白和肌红蛋白的原料。由于Fe在动物机体能被二次利用，成年牛不易缺铁。犊牛如果缺铁，会造成食欲低下，体弱，轻度腹泻，如果血红蛋白下降，还可造成呼吸困难，严重时会引起死亡。Fe主要分布在高粱、燕麦、黄玉米、酒糟、马铃薯渣、亚麻饼、黑麦草和苜蓿等饲料中。

（3）Zn

Zn是牛体内多种酶的成分或激活剂，催化多种生化反应。犊牛缺Zn时食欲降低，生长发育受阻，严重会出现“侏儒”现象。种公牛缺Zn会影响精子生成。补Zn可抑制多种病毒侵害犊牛机体。Zn的来源也比较广泛，在幼嫩植物、麸皮和油饼类中含量丰富。

（4）Se

Se具有抗氧化作用。Se也与牛机体肌肉生长发育和动物的繁殖密切相关。犊牛缺Se会表现为白肌病。如果饲料含有0.10~0.15 mg/kg的Se，就可以满足牛体日常对Se的需要。

（5）Co

Co是瘤胃微生物繁育和合成维生素B_{12}的必需元素，维生素B_{12}促进血红素的形成，在蛋白质、碳水化合物、蛋氨酸和叶酸等代谢起重要作用。如果缺Co，瘤胃中维生素B_{12}合成受阻，牛会出现食欲不振，生长停滞，体弱消瘦，黏膜苍白等贫血症状表现。

（6）I

I是甲状腺素的主要成分。甲状腺素几乎参与机体的所有物质代谢过程，与动物的生长、发育和繁殖密切相关。犊牛缺I就会表现为“侏儒症”。牛对I的获取主要是通过饲料和饮水。沿海植物含I普遍比内陆植物高。

（7）Mn

Mn是酶的组成部分或激活剂。Mn主要参与蛋白质、脂肪、碳水化合物和核酸代谢。缺Mn时动物采食量下降，生长发育受阻，骨骼变形，关节肿大。植物性饲料中Mn的含量比较高，尤其在青绿饲料和糠麸类中Mn的含量比较高。

（五）维生素

维生素不是牛机体器官的组成物质，也不是动物的能量来源，是一种动物正常生理功能所必需的低分子化合物，作为生物活性物质，在代谢中起着调节和控制作用。维生素的缺乏和过量都会导致牛体病变，牛瘤胃可以合成部分B族维生素和维生素K，一般不需要通过饲料添加。

1. 维生素的分类

（1）脂溶性维生素：包括维生素A、维生素D、维生素E、维生素K。

①维生素A（也叫视黄醇、抗干眼症维生素） 维生素A在维持牛在弱光下的视力方面起主要作用，如果缺乏维生素A，在弱光下，牛的视力会减退或完全丧失，患“夜盲症”。维生素A还在促进幼龄动物生长、维持上皮组织健康、性激素的形成、抗癌和提高动物免疫力方面起着重要作用。维生素A只存在于动物体内，胡萝卜素又叫做维生素A，存在于植物中，一般植物里主要是β－胡萝卜素。在青绿饲料、优质干草、胡萝卜、红心甘薯、黄色玉米和南瓜中胡萝卜素含量最多。

②维生素D（也叫抗佝偻症维生素） 维生素D的种类很多，对动物体

有重要作用的只有维生素D_2（麦角固醇）和维生素D_3（7-脱氢胆固醇经紫外线照射可转化为维生素D_3）。维生素D被吸收后并无活性，只有在肝脏、肾脏中经羟化，才能发挥作用。

植物体中麦角固醇$\xrightarrow{紫外线}$维生素D_2

动物体中7-脱氢胆固醇$\xrightarrow{紫外线}$维生素D_3

缺乏维生素D会导致动物体Ca和P代谢失调，幼年动物出现行动困难、不能站立和生长缓慢等“佝偻病”症状。维生素D还能影响巨噬细胞的免疫功能。由于维生素D_3的毒性比维生素D_2大10~20倍，在生产中补充维生素D时，注射用维生素D_2，不用维生素D_3。经晾晒的干草含有较多的维生素D_2，动物舍外运动和晒太阳也能促使体内7-脱氢胆固醇转变为维生素D_3。

③维生素E（也叫生育酚、抗不育症维生素） 在动物体内维生素E是主要的生物催化剂，具有抗氧化作用，保护细胞膜免遭氧化。维生素E还可促进性腺发育，调节性机能，增强卵巢机能，促进精子生成，提高精子活力。

缺乏维生素E则公牛精细胞形成受阻，造成不育症，母牛性周期失常。维生素E在新鲜的谷实类胚果、青绿饲料和优质干草中含量比较丰富。

④维生素K（也叫抗出血症维生素） 维生素K是一类萘醌衍生物。对动物体起作用的主要有K_1（叶绿醌）、K_2（甲基萘醌）和K_3（甲萘醌）。K_1和K_2是天然产物，K_3为人工合成产品，但其效力高于K_2。维生素K主要参与凝血活动，致使血液凝固。维生素K_1普遍存在于植物性饲料中，尤其是青绿饲料。维生素K_2除了饲料中含有外，在牛瘤胃中也可经微生物合成。

（2）水溶性维生素：包括B族维生素和维生素C。

①B族维生素 包括维生素B_1（也叫硫胺素）、维生素B_2（也叫核黄素）、维生素B_5（泛酸，也叫遍多酸）、维生素B_6（也叫吡哆醇）、维生素B_{12}（也

叫氰钴素）、维生素PP（烟酸）、叶酸、生物素。B族维生素都是水溶性维生素，都是作为细胞的辅酶或辅基的成分，参与碳水化合物、脂肪和蛋白质的代谢。成年牛可在瘤胃中合成B族维生素。除了B_{12}，其他B族维生素广泛存在于各种优质干草、青绿饲料、青贮饲料和籽实类的种皮和胚芽中。

②维生素C（也叫抗坏血酸、抗坏血病维生素） 维生素C参与细胞间质胶原蛋白的合成，维生素C还能促进抗体的形成和白细胞的噬菌能力，增强机体免疫力和抗应激能力。缺乏维生素C时，毛细血管细胞间质减少，通透性增强而引起周身出血，牙齿松动，牙龈出血，骨骼脆弱和创伤难痊愈等症状。维生素C的来源比较广泛，青绿饲料和块根鲜果中含量都比较丰富，而且动物体还能合成。

（六）水

水对动物来说极为重要，动物体水分丧失10%就会引起代谢紊乱，丧失20%时会造成动物死亡。水是动物体重要的溶剂，参与体温调节，是各种生化反应的媒介，在维持组织和器官形态方面也起着重要作用。

三、肉牛营养需要与饲养标准

中国和世界很多国家肉牛营养需要的饲养标准都是按阶段划定。肉牛在不同生理状态和生产水平下对各种营养物质的需求特点、变化规律和影响因素，可作为制定饲养标准的依据，进而实现科学化和标准化饲养，这是提高肉牛规模化生产效益的基础。世界各国营养专家一直不断地研究肉牛的饲养标准或营养需要，并按照品种、年龄、性别、生长发育阶段、生理状态和生产目的，制定出符合各国国情的饲养标准，如美国国家研究委员会（NRC）和英国农业研究委员会（ARC）。2004年原农业部颁布了我国农业行业标准

《肉牛饲养标准》(NY/T815—2004),该标准对我国的肉牛养殖起到了重要的指导作用。表2-1至表2-8是美国NRC和我国育肥牛、妊娠母牛、哺乳母牛等的营养需要饲养标准,在设计日粮配方时可以参照。

表 2-1 生长育肥牛日常营养需要量(NRC,2016)

	体重 /kg	250	300	350	400	450	500
维持需要	维持净能 /($MJ \cdot d^{-1}$)	20.1	23.4	26.0	28.9	31.4	33.9
	代谢蛋白 /($g \cdot d^{-1}$)	239	274	307	340	371	402
	钙 /($g \cdot d^{-1}$)	7.7	9.2	10.8	12.3	13.9	15.4
	磷 /($g \cdot d^{-1}$)	5.9	7.1	8.2	9.4	10.6	11.8
生长需要	日增重 /($kg \cdot d^{-1}$)	增重净能 /($MJ \cdot d^{-1}$)					
	0.4	5.0	5.4	6.3	6.7	7.5	8.0
	0.8	10.5	11.7	13.4	14.7	15.9	17.2
	1.2	15.9	18.4	20.9	23.0	25.1	27.2
	1.6	22.2	25.5	28.5	31.4	34.3	37.3
	2.0	28.0	32.2	36.4	40.2	44.0	47.3
	日增重 /($kg \cdot d^{-1}$)	增重所需代谢蛋白 /($g \cdot d^{-1}$)					
	0.4	149	139	129	120	111	102
	0.8	288	267	246	226	207	188
	1.2	423	390	358	326	296	267
	1.6	556	510	466	423	381	341
	2.0	686	627	571	516	463	412

续表

	体重 /kg	250	300	350	400	450	500
生长需要	日增重 / ($kg \cdot d^{-1}$)	增重所需钙 / ($g \cdot d^{-1}$)					
	0.4	10.4	9.7	9.0	8.4	7.7	7.1
	0.8	20.1	18.6	17.2	15.8	14.4	13.1
	1.2	29.6	27.2	25.0	22.8	20.7	18.6
	1.6	38.9	35.6	32.5	29.5	26.6	23.8
	2.0	48.0	43.8	39.9	36.1	32.4	28.8
	日增重 / ($kg \cdot d^{-1}$)	增重所需磷 / ($g \cdot d^{-1}$)					
	0.4	4.2	3.9	3.6	3.4	3.1	2.9
	0.8	8.1	7.5	6.9	6.4	5.8	5.3
	1.2	12.0	11.0	10.1	9.2	8.4	7.5
	1.6	15.7	14.4	13.1	11.9	10.8	9.6
	2.0	19.4	17.7	16.1	14.6	13.1	11.6

注：表中数据是以安格斯阉牛育肥结束体重550 kg为例。

表 2-2 种公牛日常营养需要量（NRC，2016）

	绝食体重 /kg	300	400	500	600	700	800
维持需要	维持净能 / ($MJ \cdot d^{-1}$)	26.8	33.1	39.3	44.8	50.7	55.7
	代谢蛋白 / ($g \cdot d^{-1}$)	274	340	402	461	517	572
	钙 / ($g \cdot d^{-1}$)	9.2	12.3	15.4	18.5	21.6	24.6
	磷 / ($g \cdot d^{-1}$)	7.1	9.4	11.8	14.1	16.5	18.8

续表

	绝食体重 /kg	300	400	500	600	700	800
	日增重 /（kg·d^{-1}）	增重净能 /（MJ·d^{-1}）					
	0.4	3.8	4.6	5.4	6.3	7.1	8.0
	0.8	8.4	10.0	12.1	13.8	15.5	17.2
	1.2	13.0	15.9	18.8	21.3	24.3	26.8
	1.6	17.6	21.8	25.5	29.3	33.1	36.4
	2	22.2	27.6	32.7	37.7	42.3	46.5
	日增重 /（kg·d^{-1}）	增重所需代谢蛋白 /（g·d^{-1}）					
	0.4	163	150	138	126	115	104
	0.8	319	291	264	239	215	192
	1.2	471	427	386	347	310	273
生长需要	1.6	622	561	505	451	400	350
	2	770	693	621	553	487	423
	日增重 /（kg·d^{-1}）	增重所需钙 /（g·d^{-1}）					
	0.4	11.4	10.4	9.6	8.8	8.0	7.3
	0.8	22.3	20.3	18.5	16.7	15.0	13.4
	1.2	32.9	29.9	27.0	24.2	21.6	19.1
	1.6	43.4	39.2	35.3	31.5	27.9	24.5
	2	53.8	48.4	43.4	38.6	34.0	29.6
	日增重 /（kg·d^{-1}）	增重所需磷 /（g·d^{-1}）					
	0.4	4.6	4.2	3.9	3.6	3.2	2.9
	0.8	9	8.2	7.5	6.8	6.1	5.4

续表

	绝食体重 /kg	300	400	500	600	700	800
	日增重 /（kg·d^{-1}）	增重所需磷 /（g·d^{-1}）					
生长需要	1.2	13.3	12.1	10.9	9.8	8.7	7.7
	1.6	17.5	15.8	14.2	12.7	11.3	9.9
	2	21.7	19.6	17.5	15.6	13.7	11.9

注：表中数据是成年绝食体重为900 kg 的生长公牛为例。

表2-3是怀孕的后备青牛母牛的营养需要量测定选取成年体重为550 kg的安格斯牛，其犊牛预期初生重为40 kg，于15月龄配种。

表 2-3 后备青年牛的营养需要量（NRC，2016）

成年绝食体重 /kg	550								
犊牛初生重 /kg	40								
	妊娠月数								
	1	2	3	4	5	6	7	8	9
	净能需要量 /（MJ·d^{-1}）								
维持	25.1	26.4	27.2	27.6	28.5	28.9	29.7	30.1	31.0
生长	8.8	9.6	9.6	10.0	10.0	10.5	10.5	10.5	10.0
妊娠	0	0.4	0.8	1.7	2.9	5.9	10.0	16.3	26.0
总计	33.9	36.4	37.7	39.3	41.4	45.2	50.2	56.9	67.0
	代谢蛋白需要量 /（g·d^{-1}）								
维持	295	310	318	326	334	342	350	357	365
生长	130	129	127	126	124	123	123	123	125

续表

成年绝食体重 /kg	550								
犊牛初生重 /kg	40								
代谢蛋白需要量 / $(g \cdot d^{-1})$									
妊娠	2	4	7	14	27	50	88	151	251
总计	427	443	452	466	485	515	561	631	741
钙需要量 / $(g \cdot d^{-1})$									
维持	10.2	10.9	11.3	11.7	12.0	12.4	12.8	13.2	13.6
生长	9.1	9.0	8.9	8.8	8.7	8.6	8.6	8.6	8.7
妊娠	0	0	0	0	0	0	12.2	12.2	12.2
总计	19.3	19.9	20.2	20.5	20.7	21.0	33.6	34.0	34.5
磷需要量 / $(g \cdot d^{-1})$									
维持	7.8	8.3	8.6	8.9	9.2	9.5	9.8	10.1	10.4
生长	3.7	3.6	3.6	3.5	3.5	3.5	3.5	3.5	3.5
妊娠	0	0	0	0	0	0	5.0	5.0	5.0
总计	11.5	12.0	12.2	12.5	12.7	13.0	18.2	18.5	18.8
平均日增重 / $(kg \cdot d^{-1})$									
生长	0.402	0.402	0.402	0.402	0.402	0.402	0.402	0.402	0.402
妊娠	0.028	0.048	0.077	0.122	0.188	0.280	0.405	0.568	0.773
总计	0.430	0.450	0.479	0.524	0.590	0.682	0.807	0.970	1.175
体重 / $(g \cdot d^{-1})$									
绝食体重	342	354	467	379	391	403	416	428	440
妊娠子宫重	1	3	4	7	12	19	29	44	64
总计	343	357	471	386	403	422	445	472	504

表 2-4 成年哺乳母牛的营养需要量（NRC，2016）

成年绝食体重 /kg 550				泌乳高峰 /（kg·d^{-1}） 8					乳脂率 /% 4.0			
犊牛初生重 /kg 40				相对乳产量 /（kg·d^{-1}） 5					乳蛋白率 /% 3.4			
产犊后月数												
	1	2	3	4	5	6	7	8	9	10	11	12
净能需要量 /（MJ·d^{-1}）												
维持	44.0	44.0	44.0	44.0	44.0	44.0	44.0	44.0	44.0	44.0	44.0	44.0
妊娠	0	0	0	0	0.4	0.8	1.7	2.9	5.9	10.0	16.7	26.0
泌乳	20.1	23.9	21.8	17.2	13.0	9.2	6.7	4.6	2.9	2.1	1.3	0.8
总计	64.1	67.9	65.8	61.2	57.4	54.0	52.4	51.5	52.8	56.1	62.0	70.8
代谢蛋白需要量 /（g·d^{-1}）												
维持	432	432	432	432	432	432	432	432	432	432	432	432
妊娠	0	0	1	2	3	7	14	27	50	88	152	251
泌乳	349	418	376	301	226	163	114	78	53	35	23	15
总计	781	850	809	735	661	602	560	537	535	555	607	698
钙需要量 /（g·d^{-1}）												
维持	16.9	16.9	16.9	16.9	16.9	16.9	16.9	16.9	16.9	16.9	16.9	16.9
妊娠	0	0	0	0	0	0	0	0	0	12.2	12.2	12.2
泌乳	16.4	19.7	17.7	14.2	10.6	7.6	5.4	3.7	2.5	1.7	1.1	0.7
总计	33.3	36.6	34.6	31.1	27.5	24.5	22.3	20.6	19.4	30.8	30.2	29.8
磷需要量 /（g·d^{-1}）												
维持	12.9	12.9	12.9	12.9	12.9	12.9	12.9	12.9	12.9	12.9	12.9	12.9
妊娠	0	0	0	0	0	0	0	0	0	5	5	5
泌乳	9.3	11.2	10.1	8.0	6.0	4.3	3.0	2.1	1.4	0.9	0.6	0.4
总计	22.2	24.1	23.0	20.9	18.9	17.2	15.9	15.0	14.3	18.8	18.5	18.3

续表

成年绝食体重 /kg 550				泌乳高峰 /（kg·d⁻¹） 8				乳脂率 /% 4.0			
犊牛初生重 /kg 40				相对乳产量 /（kg·d⁻¹） 5				乳蛋白率 /% 3.4			
产奶量及妊娠子宫增重 /（kg·d⁻¹）												
产奶	6.7	8.0	7.2	5.8	4.3	3.1	2.2	1.5	1.0	0.7	0.4	0.3
妊娠	0	0	0.016	0.028	0.047	0.078	0.122	0.187	0.281	0.404	0.571	0.773
体重 / kg												
绝食体重	550	550	550	550	550	550	550	550	550	550	550	550
妊娠子宫重	0	0	1	2	3	5	7	12	19	29	44	64
总计	550	550	551	552	553	555	557	562	569	579	594	614

表2-4是成年哺乳母牛的营养需要，选取的是550 kg成年安格斯母牛，其犊牛预计初生重40 kg，年龄60月龄，高峰期产奶量每天8 kg；乳成分测定值为：乳脂率4%，乳蛋白率3.4%，非脂固形物8.3%；到达泌乳高峰的周数为8.5周，泌乳期30个月。

表 2-5 生长育肥牛的每日营养需要（NY/T815—2004）

体重 /kg	日增重 /（kg·d⁻¹）	干物质 /（kg·d⁻¹）	维持净能需要量 /（MJ·d⁻¹）	增重净能需要量 /（MJ·d⁻¹）	牛能量单位 /RND	粗蛋白质 /（g·d⁻¹）	钙 /（g·d⁻¹）	磷 /（g·d⁻¹）
150	0	2.66	13.80	0.00	1.46	236	5	5
	0.3	3.29	13.80	1.24	1.87	377	14	8
	0.4	3.49	13.80	1.71	1.97	421	17	9
	0.5	3.70	13.80	2.22	2.07	465	19	10

续表 1

体重/kg	日增重/(kg·d⁻¹)	干物质/(kg·d⁻¹)	维持净能需要量/(MJ·d⁻¹)	增重净能需要量/(MJ·d⁻¹)	牛能量单位/RND	粗蛋白质/(g·d⁻¹)	钙/(g·d⁻¹)	磷/(g·d⁻¹)
150	0.6	3.91	13.80	2.76	2.19	507	22	11
	0.7	4.12	13.80	3.34	2.30	548	25	12
	0.8	4.33	13.80	3.97	2.45	589	28	13
	0.9	4.54	13.80	4.64	2.61	627	31	14
	1.0	4.75	13.80	5.38	2.80	665	34	15
	1.1	4.95	13.80	6.18	3.02	704	37	16
	1.2	5.16	13.80	7.06	3.25	739	40	16
175	0	2.98	15.49	0.00	1.63	265	6	6
	0.3	3.63	15.49	1.45	2.09	403	14	9
	0.4	3.85	15.49	2.00	2.20	447	17	9
	0.5	4.07	15.49	2.59	2.32	489	20	10
	0.6	4.29	15.49	3.22	2.44	530	23	11
	0.7	4.51	15.49	3.89	2.57	571	26	12
	0.8	4.72	15.49	4.63	2.79	609	28	13
	0.9	4.94	15.49	5.42	2.91	650	31	14
	1.0	5.16	15.49	6.28	3.12	686	34	15
	1.1	5.38	15.49	7.22	3.37	724	37	16
	1.2	5.59	15.49	8.24	3.63	759	40	17
200	0	3.30	17.12	0.00	1.80	293	7	7
	0.3	3.98	17.12	1.66	2.32	428	15	9
	0.4	4.21	17.12	2.28	2.43	472	17	10
	0.5	4.44	17.12	2.95	2.56	514	20	11
	0.6	4.66	17.12	3.67	2.69	555	23	12

续表 2

体重/kg	日增重/(kg·d⁻¹)	干物质/(kg·d⁻¹)	维持净能需要量/(MJ·d⁻¹)	增重净能需要量/(MJ·d⁻¹)	牛能量单位/RND	粗蛋白质/(g·d⁻¹)	钙/(g·d⁻¹)	磷/(g·d⁻¹)
200	0.7	4.89	17.12	4.45	2.83	593	26	13
	0.8	5.12	17.12	5.29	3.01	631	29	14
	0.9	5.34	17.12	6.19	3.21	669	31	15
	1.0	5.57	17.12	7.17	3.45	708	34	16
	1.1	5.80	17.12	8.25	3.71	743	37	17
	1.2	6.03	17.12	9.42	4.00	778	40	17
225	0	3.60	18.71	0.00	1.87	320	7	7
	0.3	4.31	18.71	1.86	2.56	452	15	10
	0.4	4.55	18.71	2.57	2.69	494	18	11
	0.5	4.48	18.71	3.32	2.83	535	20	12
	0.6	5.02	18.71	4.13	2.98	576	23	13
	0.7	5.26	18.71	5.01	3.14	614	26	14
	0.8	5.49	18.71	5.95	3.33	652	29	14
	0.9	5.73	18.71	6.97	3.55	691	31	15
	1.0	5.96	18.71	8.07	3.81	726	34	16
	1.1	6.20	18.71	9.28	4.10	761	37	17
	1.2	6.44	18.71	10.59	4.42	796	39	18
250	0	3.90	20.24	0.00	2.20	346	8	8
	0.3	4.64	20.24	2.07	2.81	475	16	11
	0.4	4.88	20.24	2.85	2.95	517	18	12
	0.5	5.13	20.24	3.69	3.11	558	21	12
	0.6	5.37	20.24	4.59	3.27	599	23	13
	0.7	5.62	20.24	5.56	3.45	637	26	14

续表 3

体重/kg	日增重/(kg·d^{-1})	干物质/(kg·d^{-1})	维持净能需要量/(MJ·d^{-1})	增重净能需要量/(MJ·d^{-1})	牛能量单位/RND	粗蛋白质/(g·d^{-1})	钙/(g·d^{-1})	磷/(g·d^{-1})
	0.8	5.87	20.24	6.61	3.65	672	29	15
	0.9	6.11	20.24	7.74	3.89	711	31	16
250	1.0	6.36	20.24	8.97	4.18	746	34	17
	1.1	6.60	20.24	10.31	4.49	781	36	18
	1.2	6.85	20.24	11.77	4.84	814	39	18
	0	4.19	21.74	0.00	2.40	372	9	9
	0.3	4.96	21.74	2.28	3.07	501	16	12
	0.4	5.21	21.74	3.14	3.22	543	19	12
	0.5	5.47	21.74	4.06	3.39	581	21	13
	0.6	5.72	21.74	5.05	3.57	619	24	14
275	0.7	5.98	21.74	6.12	3.75	657	26	15
	0.8	6.23	21.74	7.27	3.98	696	29	16
	0.9	6.49	21.74	8.51	4.23	731	31	16
	1.0	6.74	21.74	9.86	4.55	766	34	17
	1.1	7.00	21.74	11.34	4.89	798	36	18
	1.2	7.25	21.74	12.95	5.60	834	39	19
	0	4.46	23.21	0.00	2.60	397	10	10
	0.3	5.26	23.21	2.48	3.32	523	17	12
	0.4	5.53	23.21	3.42	3.48	565	19	13
300	0.5	5.79	23.21	4.43	3.66	603	21	14
	0.6	6.06	23.21	5.51	3.86	641	24	15
	0.7	6.32	23.21	6.67	4.06	679	26	15
	0.8	6.58	23.21	7.93	4.31	715	29	16

续表 4

体重/kg	日增重/(kg·d^{-1})	干物质/(kg·d^{-1})	维持净能需要量/(MJ·d^{-1})	增重净能需要量/(MJ·d^{-1})	牛能量单位/RND	粗蛋白质/(g·d^{-1})	钙/(g·d^{-1})	磷/(g·d^{-1})
300	0.9	6.85	23.21	9.29	4.58	750	31	17
	1.0	7.11	23.21	10.46	4.92	785	34	18
	1.1	7.38	23.21	12.37	5.29	818	36	19
	1.2	7.64	23.21	14.12	5.69	850	38	19
325	0	4.75	24.65	0.00	2.78	421	11	11
	0.3	5.57	24.65	2.69	3.54	547	17	13
	0.4	5.84	24.65	3.71	3.72	586	19	14
	0.5	6.12	24.65	4.80	3.91	624	22	14
	0.6	6.39	24.65	5.97	4.12	662	24	15
	0.7	6.66	24.65	7.23	4.36	700	26	16
	0.8	6.94	24.65	8.59	4.60	736	29	17
	0.9	7.21	24.65	10.06	4.90	771	31	18
	1.0	7.49	24.65	11.66	5.25	803	33	18
	1.1	7.76	24.65	13.40	5.65	839	36	19
	1.2	8.03	24.65	15.30	6.08	868	38	20
350	0	5.02	26.06	0.00	2.95	445	12	12
	0.3	5.87	26.06	2.90	3.76	569	18	14
	0.4	6.15	26.06	3.99	3.95	607	20	14
	0.5	6.43	26.06	5.17	4.16	645	22	15
	0.6	6.72	26.06	6.43	4.38	683	24	16
	0.7	7.00	26.06	7.79	4.61	719	27	17
	0.8	7.28	26.06	9.25	4.89	757	29	17
	0.9	7.57	26.06	10.83	5.21	789	31	18

续表 5

体重/kg	日增重/(kg·d^{-1})	干物质/(kg·d^{-1})	维持净能需要量/(MJ·d^{-1})	增重净能需要量/(MJ·d^{-1})	牛能量单位/RND	粗蛋白质/(g·d^{-1})	钙/(g·d^{-1})	磷/(g·d^{-1})
	1.0	7.85	26.06	12.55	5.59	824	33	19
350	1.1	8.13	26.06	14.43	6.01	857	36	20
	1.2	8.41	26.06	16.48	6.47	889	38	20
	0	5.28	27.44	0.00	3.13	469	12	12
	0.3	6.16	27.44	3.10	3.99	593	18	14
	0.4	6.45	27.44	4.28	4.19	631	20	15
	0.5	6.74	27.44	5.54	4.41	669	22	16
	0.6	7.03	27.44	6.89	4.65	704	25	17
375	0.7	7.32	27.44	8.34	4.89	743	27	17
	0.8	7.62	27.44	9.91	5.19	778	29	18
	0.9	7.91	27.44	11.61	5.52	810	31	19
	1.0	8.20	27.44	13.45	5.93	845	33	19
	1.1	8.49	27.44	15.46	6.26	878	35	20
	1.2	8.79	27.44	17.65	6.75	907	38	20
	0	5.55	28.80	0.00	3.31	492	13	13
	0.3	6.45	28.80	3.31	4.22	613	19	15
	0.4	6.76	28.80	4.56	4.43	651	21	16
	0.5	7.06	28.80	5.91	4.66	689	23	17
400	0.6	7.36	28.80	7.35	4.91	727	25	17
	0.7	7.66	28.80	8.90	5.17	763	27	18
	0.8	7.96	28.80	10.57	5.49	798	29	19
	0.9	8.26	28.80	12.38	5.64	830	31	19
	1.0	8.56	28.80	14.35	6.27	866	33	20

续表 6

体重/kg	日增重/(kg·d^{-1})	干物质/(kg·d^{-1})	维持净能需要量/(MJ·d^{-1})	增重净能需要量/(MJ·d^{-1})	牛能量单位/RND	粗蛋白质/(g·d^{-1})	钙/(g·d^{-1})	磷/(g·d^{-1})
400	1.1	8.87	28.80	16.49	6.74	895	35	21
	1.2	9.17	28.80	18.83	7.26	927	37	21
425	0	5.80	30.14	0.00	3.48	515	14	14
	0.3	6.73	30.14	3.52	4.43	636	19	16
	0.4	7.04	30.14	4.85	4.65	674	21	17
	0.5	7.35	30.14	6.28	4.90	712	23	17
	0.6	7.66	30.14	7.81	5.16	747	25	18
	0.7	7.97	30.14	9.45	5.44	783	27	18
	0.8	8.29	30.14	11.23	5.77	818	29	19
	0.9	8.60	30.14	13.15	6.14	850	31	20
	1.0	8.91	30.14	15.24	6.59	886	33	20
	1.1	9.22	30.14	17.52	7.09	918	35	21
	1.2	9.53	30.14	20.01	7.64	947	37	22
450	0	6.06	31.46	0.00	3.63	538	15	15
	0.3	7.02	31.46	3.72	4.63	659	20	17
	0.4	7.34	31.46	5.14	4.87	697	21	17
	0.5	7.66	31.46	6.65	5.12	732	23	18
	0.6	7.98	31.46	8.27	5.40	770	25	19
	0.7	8.30	31.46	10.01	5.69	806	27	19
	0.8	8.62	31.46	11.89	6.03	841	29	20
	0.9	8.94	31.46	13.93	6.43	873	31	20
	1.0	9.26	31.46	16.14	6.90	906	33	21
	1.1	9.58	31.46	18.55	7.42	938	35	22

续表 7

体重/kg	日增重/(kg·d^{-1})	干物质/(kg·d^{-1})	维持净能需要量/(MJ·d^{-1})	增重净能需要量/(MJ·d^{-1})	牛能量单位/RND	粗蛋白质/(g·d^{-1})	钙/(g·d^{-1})	磷/(g·d^{-1})
450	1.2	9.90	31.46	21.18	8.00	967	37	22
	0	6.31	32.76	0.00	3.79	560	16	16
	0.3	7.30	32.76	3.93	4.84	681	20	17
	0.4	7.63	32.76	5.42	5.09	719	22	18
	0.5	7.96	32.76	7.01	5.35	754	24	19
	0.6	8.29	32.76	8.73	5.64	789	25	19
475	0.7	8.61	32.76	10.57	5.94	825	27	20
	0.8	8.94	32.76	12.55	6.31	860	29	20
	0.9	9.27	32.76	14.70	6.72	892	31	21
	1.0	9.60	32.76	17.04	7.22	928	33	21
	1.1	9.93	32.76	19.58	7.77	957	35	22
	1.2	10.26	32.76	22.36	8.37	989	36	23
	0	6.56	34.05	0.00	3.95	582	16	16
	0.3	7.58	34.05	4.14	5.04	700	21	18
	0.4	7.91	34.05	5.71	5.30	738	22	19
	0.5	8.25	34.05	7.38	5.58	776	24	19
	0.6	8.59	34.05	9.18	5.88	811	26	20
500	0.7	8.93	34.05	11.12	6.20	847	27	20
	0.8	9.27	34.05	13.21	6.58	882	29	21
	0.9	9.61	34.05	15.48	7.01	912	31	21
	1.0	9.94	34.05	17.93	7.53	947	33	22
	1.1	10.28	34.05	20.61	8.10	979	34	23
	1.2	10.62	34.05	23.54	8.73	1011	36	23

表 2-6　生长母牛的每日营养需要（NY/T815-2004）

体重/kg	日增重/(kg·d^{-1})	干物质/(kg·d^{-1})	维持净能需要量/(MJ·d^{-1})	增重净能需要量/(MJ·d^{-1})	牛能量单位/RND	粗蛋白质/(g·d^{-1})	钙/(g·d^{-1})	磷/(g·d^{-1})
150	0	2.66	13.80	0.00	1.46	236	5	5
	0.3	3.29	13.80	1.37	1.90	377	13	8
	0.4	3.49	13.80	1.88	2.00	421	16	9
	0.5	3.70	13.80	2.44	2.11	465	19	10
	0.6	3.91	13.80	3.03	2.24	507	22	11
	0.7	4.12	13.80	3.67	2.36	548	25	11
	0.8	4.33	13.80	4.36	2.52	589	28	12
	0.9	4.54	13.80	5.11	2.69	627	31	13
	1.0	4.75	13.80	5.92	2.91	665	34	14
175	0	2.98	15.49	0.00	1.63	265	6	6
	0.3	3.63	15.49	1.59	2.12	403	14	8
	0.4	3.85	15.49	2.20	2.24	447	17	9
	0.5	4.07	15.49	2.84	2.37	489	19	10
	0.6	4.29	15.49	3.54	2.50	530	22	11
	0.7	4.51	15.49	4.28	2.64	571	25	12
	0.8	4.72	15.49	5.09	2.81	609	28	13
	0.9	4.94	15.49	5.96	3.01	650	30	14
	1.0	5.16	15.49	6.91	3.24	686	33	15
200	0	3.03	17.12	0.00	1.80	293	7	7
	0.3	3.98	17.12	1.82	2.34	428	14	9
	0.4	4.21	17.12	2.51	2.47	472	17	10
	0.5	4.44	17.12	3.25	2.61	514	19	11
	0.6	4.66	17.12	4.04	2.76	555	22	12

续表 1

体重/kg	日增重/(kg·d⁻¹)	干物质/(kg·d⁻¹)	维持净能需要量/(MJ·d⁻¹)	增重净能需要量/(MJ·d⁻¹)	牛能量单位/RND	粗蛋白质/(g·d⁻¹)	钙/(g·d⁻¹)	磷/(g·d⁻¹)
200	0.7	4.89	17.12	4.89	2.92	593	25	13
	0.8	5.12	17.12	5.82	3.10	631	28	14
	0.9	5.34	17.12	6.81	3.32	669	30	14
	1.0	5.57	17.12	7.89	3.58	708	33	15
225	0	3.60	18.71	0.00	1.87	320	7	7
	0.3	4.31	18.71	2.05	2.60	452	15	10
	0.4	4.55	18.71	2.82	2.74	494	17	11
	0.5	4.78	18.71	3.66	2.89	535	20	12
	0.6	5.02	18.71	4.55	3.06	576	23	12
	0.7	5.26	18.71	5.51	3.22	614	25	13
	0.8	5.49	18.71	6.54	3.44	652	28	14
	0.9	5.73	18.71	7.66	3.67	691	30	15
	1.0	5.96	18.71	8.88	3.95	726	33	16
250	0	3.90	20.24	0.00	2.20	346	8	8
	0.3	4.64	20.24	2.28	2.84	475	15	11
	0.4	4.88	20.24	3.14	3.00	517	18	11
	0.5	5.13	20.24	4.06	3.17	558	20	12
	0.6	5.37	20.24	5.05	3.35	599	23	13
	0.7	5.62	20.24	6.12	3.53	637	25	14
	0.8	5.87	20.24	7.27	3.76	672	28	15
	0.9	6.11	20.24	8.51	4.02	711	30	15
	1.0	6.36	20.24	9.86	4.33	746	33	17

续表 2

体重/kg	日增重/(kg·d⁻¹)	干物质/(kg·d⁻¹)	维持净能需要量/(MJ·d⁻¹)	增重净能需要量/(MJ·d⁻¹)	牛能量单位/RND	粗蛋白质/(g·d⁻¹)	钙/(g·d⁻¹)	磷/(g·d⁻¹)
275	0	4.19	21.74	0.00	2.40	372	9	9
	0.3	4.96	21.74	2.50	3.10	501	16	11
	0.4	5.21	21.74	3.45	3.27	543	18	12
	0.5	5.47	21.74	4.47	3.45	581	20	13
	0.6	5.72	21.74	5.56	3.65	619	23	14
	0.7	5.98	21.74	6.73	3.85	657	25	14
	0.8	6.23	21.74	7.99	4.10	696	28	15
	0.9	6.49	21.74	9.36	4.38	731	30	16
	1.0	6.74	21.74	10.85	4.72	766	32	17
300	0	4.46	23.21	0.00	2.60	397	10	10
	0.3	5.26	23.21	2.73	3.35	523	16	12
	0.4	5.53	23.21	3.77	3.54	565	18	13
	0.5	5.79	23.21	4.87	3.74	603	21	14
	0.6	6.06	23.21	6.06	3.95	641	23	14
	0.7	6.32	23.21	7.34	4.17	679	25	15
	0.8	6.58	23.21	8.72	4.44	715	28	16
	0.9	6.85	23.21	10.21	4.74	750	30	17
	1.0	7.11	23.21	11.84	5.10	785	32	17
325	0	4.75	24.65	0.00	2.78	421	11	11
	0.3	5.57	24.65	2.96	3.59	547	17	13
	0.4	5.84	24.65	4.08	3.78	586	19	14
	0.5	6.12	24.65	5.28	3.99	624	21	14
	0.6	6.39	24.65	6.57	4.22	662	23	15
	0.7	6.66	24.65	7.95	4.46	700	25	16

续表 3

体重/kg	日增重/(kg·d⁻¹)	干物质/(kg·d⁻¹)	维持净能需要量/(MJ·d⁻¹)	增重净能需要量/(MJ·d⁻¹)	牛能量单位/RND	粗蛋白质/(g·d⁻¹)	钙/(g·d⁻¹)	磷/(g·d⁻¹)
	0.8	6.94	24.65	9.45	4.74	736	28	16
325	0.9	7.21	24.65	11.07	5.06	771	30	17
	1.0	7.49	24.65	12.82	5.45	803	32	18
	0	5.02	26.06	0.00	2.95	445	12	12
	0.3	5.87	26.06	3.19	3.81	569	17	14
	0.4	6.15	26.06	4.39	4.02	607	19	14
	0.5	6.43	26.06	5.69	4.24	645	21	15
350	0.6	6.72	26.06	7.07	4.49	683	23	16
	0.7	7.00	26.06	8.56	4.74	719	25	16
	0.8	7.28	26.06	10.17	5.04	757	28	17
	0.9	7.57	26.06	11.92	5.38	789	30	18
	1.0	7.85	26.06	13.81	5.80	824	32	18
	0	5.28	27.44	0.00	3.13	469	12	12
	0.3	6.16	27.44	3.41	4.04	593	18	14
	0.4	6.45	27.44	4.71	4.26	631	20	15
	0.5	6.74	27.44	6.09	4.50	669	22	16
375	0.6	7.03	27.44	7.58	4.76	704	24	17
	0.7	7.32	27.44	9.18	5.03	743	26	17
	0.8	7.62	27.44	10.90	5.35	778	28	18
	0.9	7.91	27.44	12.77	5.71	810	30	19
	1.0	8.20	27.44	14.79	6.15	845	32	19
400	0	5.55	28.80	0.00	3.31	492	13	13
	0.3	6.45	28.80	3.64	4.26	613	18	15

续表 4

体重/kg	日增重/($kg \cdot d^{-1}$)	干物质/($kg \cdot d^{-1}$)	维持净能需要量/($MJ \cdot d^{-1}$)	增重净能需要量/($MJ \cdot d^{-1}$)	牛能量单位/RND	粗蛋白质/($g \cdot d^{-1}$)	钙/($g \cdot d^{-1}$)	磷/($g \cdot d^{-1}$)
400	0.4	6.76	28.80	5.02	4.50	651	20	16
	0.5	7.06	28.80	6.50	4.76	689	22	16
	0.6	7.36	28.80	8.08	5.03	727	24	17
	0.7	7.66	28.80	9.79	5.31	763	26	17
	0.8	7.96	28.80	11.63	5.65	798	28	18
	0.9	8.26	28.80	13.62	6.04	830	29	19
	1.0	8.56	28.80	15.78	6.50	866	31	19
450	0	6.06	31.46	0.00	3.89	537	12	12
	0.3	7.02	31.46	4.10	4.40	625	18	14
	0.4	7.34	31.46	5.65	4.59	653	20	15
	0.5	7.65	31.46	7.31	4.80	681	22	16
	0.6	7.97	31.46	9.09	5.02	708	24	17
	0.7	8.29	31.46	11.01	5.26	734	26	17
	0.8	8.61	31.46	13.08	5.51	759	28	18
	0.9	8.93	31.46	15.32	5.79	784	30	19
	1.0	9.25	31.46	17.75	6.09	808	32	19
500	0	6.56	34.05	0.00	4.21	582	13	13
	0.3	7.57	34.05	4.55	4.78	662	18	15
	0.4	7.91	34.05	6.28	4.99	687	20	16
	0.5	8.25	34.05	8.12	5.22	712	22	16
	0.6	8.58	34.05	10.10	5.46	736	24	17
	0.7	8.92	34.05	12.23	5.73	760	26	17
	0.8	9.26	34.05	14.53	6.01	783	28	18
	0.9	9.60	34.05	17.02	6.32	805	29	19
	1.0	9.93	34.05	19.72	6.65	827	31	19

表 2-7 妊娠母牛的每日营养需要（NY/T815—2004）

体重/kg	妊娠月份	干物质/（$kg \cdot d^{-1}$）	维持净能需要量/（$MJ \cdot d^{-1}$）	妊娠净能需要量/（$MJ \cdot d^{-1}$）	牛能量单位/RND	粗蛋白质/（$g \cdot d^{-1}$）	钙/（$g \cdot d^{-1}$）	磷/（$g \cdot d^{-1}$）
300	6	6.32	23.21	4.32	2.80	409	14	12
	7	6.43	23.21	7.36	3.11	477	16	12
	8	6.60	23.21	11.17	3.50	587	18	13
	9	6.77	23.21	15.77	3.97	735	20	13
350	6	6.86	26.06	4.63	3.12	449	16	13
	7	6.98	26.06	7.88	3.45	517	18	14
	8	7.15	26.06	11.97	3.87	627	20	15
	9	7.32	26.06	16.89	4.37	775	22	15
400	6	7.39	28.80	4.94	3.43	488	18	15
	7	7.51	28.80	8.40	3.78	556	20	16
	8	7.68	28.80	12.76	4.23	666	22	16
	9	7.84	28.80	18.01	4.76	814	24	17
450	6	7.90	31.46	5.24	3.73	526	20	17
	7	8.02	31.46	8.92	4.11	594	22	18
	8	8.19	31.46	13.55	4.58	704	24	18
	9	8.36	31.46	19.13	5.15	852	27	19
500	6	8.40	34.05	5.55	4.03	563	22	19
	7	8.52	34.05	9.45	4.43	631	24	19
	8	8.69	34.05	14.35	4.92	741	26	20
	9	8.86	34.05	20.25	5.53	889	29	21
550	6	8.89	36.57	5.86	4.31	599	24	20
	7	9.00	36.57	9.97	4.73	667	26	21
	8	9.17	36.57	15.14	5.26	777	29	22
	9	9.34	36.57	21.37	5.90	925	31	23

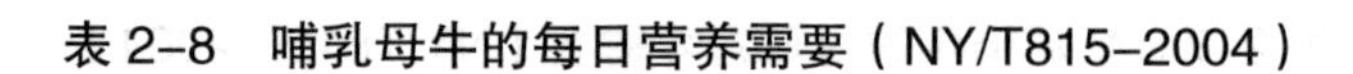

表 2-8 哺乳母牛的每日营养需要（NY/T815-2004）

体重/kg	4%乳汁率标准乳/(kg·d⁻¹)	干物质/(kg·d⁻¹)	维持净能需要量/(MJ·d⁻¹)	泌乳净能需要量/(MJ·d⁻¹)	牛能量单位/RND	粗蛋白质/(g·d⁻¹)	钙/(g·d⁻¹)	磷/(g·d⁻¹)
	0	4.47	23.21	0.00	3.50	332	10	10
	3	5.82	23.21	9.41	4.92	587	24	14
	4	6.27	23.21	12.55	5.40	672	29	15
	5	6.72	23.21	15.69	5.87	757	34	17
300	6	7.17	23.21	18.83	6.34	842	39	18
	7	7.62	23.21	21.97	6.82	927	44	19
	8	8.07	23.21	25.10	7.29	1012	48	21
	9	8.52	23.21	28.24	7.77	1097	53	22
	10	8.97	23.21	31.38	8.24	1182	58	23
	0	5.02	26.06	0.00	3.93	372	12	12
	3	6.37	26.06	9.41	5.35	627	27	16
	4	6.82	26.06	12.55	5.83	712	32	17
	5	7.27	26.06	15.69	6.30	797	37	19
	6	7.72	26.06	18.83	6.77	882	42	20
350	7	8.17	26.06	21.97	7.25	967	46	21
	8	8.26	26.06	25.10	7.72	1052	51	23
	9	9.07	26.06	28.24	8.20	1137	56	24
	10	9.52	26.06	31.38	8.67	1222	61	25
	0	5.55	28.80	0.00	4.35	411	13	13
	3	6.90	28.80	9.41	5.77	666	28	17
400	4	7.35	28.80	12.55	6.24	751	33	18
	5	7.80	28.80	15.69	6.71	836	38	20
	6	8.25	28.80	18.83	7.19	921	43	21

续表

体重/kg	4%乳汁率标准乳/(kg·d^{-1})	干物质/(kg·d^{-1})	维持净能需要量/(MJ·d^{-1})	泌乳净能需要量/(MJ·d^{-1})	牛能量单位/RND	粗蛋白质/(g·d^{-1})	钙/(g·d^{-1})	磷/(g·d^{-1})
400	7	8.70	28.80	21.97	7.66	1006	47	22
	8	9.15	28.80	25.10	8.14	1091	52	24
	9	9.60	28.80	28.24	8.61	1176	57	25
	10	10.05	28.80	31.38	9.08	1261	62	26
450	0	6.06	31.46	0.00	4.75	449	15	15
	3	7.41	31.46	9.41	6.17	704	30	19
	4	7.86	31.46	12.55	6.64	789	35	20
	5	8.31	31.46	15.69	7.12	874	40	22
	6	8.76	31.46	18.83	7.59	959	45	23
	7	9.21	31.46	21.97	8.06	1044	49	24
	8	9.66	31.46	25.10	8.54	1129	54	26
	9	10.11	31.46	28.24	9.01	1214	59	27
	10	10.56	31.46	31.38	9.48	1299	64	28
500	0	6.56	34.05	0.00	5.14	486	16	16
	3	7.91	34.05	9.41	6.56	741	31	20
	4	8.36	34.05	12.55	7.03	826	36	21
	5	8.81	34.05	15.69	7.51	911	41	23
	6	9.26	34.05	18.83	7.98	996	46	24
	7	9.71	34.05	21.97	8.45	1081	50	25
	8	10.16	34.05	25.10	8.93	1166	55	27
	9	10.61	34.05	28.24	9.40	1251	60	28
	10	11.06	34.05	31.38	9.87	1336	65	29
550	0	7.04	36.57	0.00	5.52	522	18	18
	3	8.39	36.57	9.41	6.94	777	32	22

续表

体重/kg	4%乳汁率标准乳/($kg \cdot d^{-1}$)	干物质/($kg \cdot d^{-1}$)	维持净能需要量/($MJ \cdot d^{-1}$)	泌乳净能需要量/($MJ \cdot d^{-1}$)	牛能量单位/RND	粗蛋白质/($g \cdot d^{-1}$)	钙/($g \cdot d^{-1}$)	磷/($g \cdot d^{-1}$)
550	4	8.84	36.57	12.55	7.41	862	37	23
	5	9.29	36.57	15.69	7.89	947	42	25
	6	9.74	36.57	18.83	8.36	1032	47	26
	7	10.19	36.57	21.97	8.83	1117	52	27
	8	10.64	36.57	25.10	9.31	1202	56	29
	9	11.09	36.57	28.24	9.78	1287	61	30
	10	11.54	36.57	31.38	10.26	1372	66	31

第二节　饲草料加工调制技术

一、常用粗饲料调制技术

（一）青贮技术

青贮是依赖于青贮原料上附着的乳酸菌等微生物，在厌氧条件下通过发酵将青贮原料中的碳水化合物转化为乳酸，增加青贮饲料的酸度，抑制了有害菌和霉菌的生长，使青贮饲料得以长期保存。

1. 技术原理

青贮发酵由3个时期组成，分别是厌氧形成期、厌氧发酵期和稳定期。

厌氧形成期也可称为呼吸期。从原料装窖到植物细胞停止呼吸，变为厌氧环境状态开始发酵为止，厌氧形成期大约为3 d。本阶段微生物演替大致是：饲料刚入窖时，窖内还存在空气植物细胞后续呼吸，呼吸作用产生的热量使青贮窖内温度上升，糖分的氧化生成一定的能量，给微生物的繁衍提供了能量和温度条件。同时，酵母菌、霉菌和乳酸菌开始繁殖，但是乳酸菌的数量远不如其他细菌。随着氧气被消耗，氧化作用逐渐减弱，窖内温度逐渐下降，窖内氧气耗尽乳酸菌的数量迅速增加并逐渐占据优势，开始乳酸发酵青贮转入厌氧发酵期。此时如果封窖不严密或原料填压不实，都会残存过多氧气，延长植物细胞的呼吸作用，同时热量积累，致使温度过高，不仅养分损失加大，还抑制乳酸菌等有益微生物的活动，降低青贮饲料的口味和质量。因此，尽可能排除原料间隙的空气，严密封盖，防止空气渗入，是尽早形成窖内厌氧条件的关键。厌氧发酵期厌氧环境的形成使好气性微生物活动很快变弱或停止甚至绝迹。在厌氧条件下除了乳酸菌发酵，还可能产生的另一类发酵，就是丁酸发酵，主要微生物是梭菌，来自土壤和粪便，青饲料受泥土污染往往将梭菌带入青贮窖中，在密封缺氧的环境下，梭菌依靠初期的温度和养分条件得以迅速增殖，如果任其发展，梭菌发酵的代谢产物为丁酸、乙酸和氨，发出难闻刺鼻的气味。为防止梭菌发酵，要创造适合乳酸菌发酵的条件，最关键的是青贮原料中的含糖量应在2%以上，一定数量的可溶性糖即水溶性碳水化合物，如青玉米中含量在5%以上，乳酸菌迅速增殖，其活动居主导地位。在乳酸菌发酵过程中，乳酸菌类型亦发生演变。当酸度达到pH4.2时，乳酸菌活动受到明显抑制，繁殖终止。而耐酸的乳酸菌还能大量繁殖，继续分解碳水化合物产生乳酸，使酸度达到pH3.0。至此，一切微生物都不能繁殖生存，青贮进入稳定期。稳定期时pH达到3.0和厌氧条件下，乳酸菌自身和其他厌氧微生物都停止活动，生物化学变化相对稳定，青贮饲料在窖中可以长期保存。这时青贮饲料中除含少量乳酸菌外，尚存在少许耐酸的酵母菌和形成芽孢的细菌。

2. 技术要点

（1）青贮池建设　青贮池分为地上式、地下式和半地下式三种，地下水位高的地方选用地上式或半地下式，地下水位低、土质好的地方也可采用地下式，推荐采用地上式。青贮池有长方形和圆形池，根据地形、贮量和每天用草量选择适宜的池形，长方形池适用于贮量大、用草量大的情况。青贮池应选择在地势较高、排水条件好、土质坚实的地方，切忌在低洼或树荫下造窖，并避开交通要道、路口、垃圾堆，同时要距离畜舍近，运料方便。

裹包青贮不需要青贮池，要使用打捆机、裹包机以及裹包材料拉伸膜等，用打捆机对苜蓿、玉米秸秆和其他牧草等青贮原料进行高密度压实打捆，然后用裹包机利用拉伸膜把青贮原料裹包起来，根据青贮原料的种类和青贮量选择适宜的打捆机和裹包机，拉伸膜要求拉伸性能良好，厚度适宜，拉伸膜用量根据青贮量确定。

（2）适时收割　苜蓿收割时间最好是初花期；青贮玉米是乳熟期至蜡熟期，种子乳线在1/2~3/4位置，留茬高度为20~30 cm。

（3）含水量　含水量一般应控制在60%~70％，最低不少于55%，含水高的苜蓿或牧草应晾晒1~2 d，或添加少量麸皮或小麦秸秆。

生产中测定含水量常用的简便方法为：取一把切碎压实过的秸秆稍经揉搓，然后用力握在手中，若手指缝中有水珠出现，但不成串往下滴，则原料中含水量适宜；若握不出水珠，则水分不足；若水珠成串滴出，则水分过多。不足时要适量补充水，水过多时，应再加入干秸秆拌匀。

（4）细碎度　豆科和禾本科牧草等铡成碎成2~3 cm 长的小段；玉米秸秆粉碎成1~2 cm 小段。

（5）含糖量　青贮原料含糖量≥2%，以提供乳酸菌活动所需营养。

（6）添加剂　常用的添加剂有乳酸菌等活菌制剂，苯甲酸和丙酸等有机酸。

（7）装填　随切随装填，分层填入，加入需要的添加剂及其辅料，注意撒匀拌匀，每层30~50 cm。

（8）压实　使用人工或机械逐层压实，挤压越实越好，池角及四周边缘要采用草料垫厚的斜压法。

（9）密封　原料高出池壁50 cm左右，装填完后立即严密封埋，先用塑料膜盖严，再用土覆盖，土层厚底不小于25 cm。塑料膜分为上下两层，下面一层是隔氧层，上面一层是保温层。

（10）管护　贮存期间定期检查，尽量减少缝隙，避免覆盖的塑料薄膜破损和积水。做好防漏气、漏水及防虫鼠工作。发现裂缝或塌陷及时填实、密封，防止雨水渗入。

（11）青贮装草时长及发酵时间　装草控制在3 d以内，装填时间越短越好。气温高发酵时间较短，气温低发酵时间稍长，发酵时间一般在40~50 d可以饲喂。

（12）取用　开窖取料应从一端开始，根据喂料需要从上到下、由外及里逐段取用。每次取出量应以当天喂完为宜，每次取料后立即将口封严，避免青贮饲料暴露在空气中或者雨水浸入引起二次发酵。

（13）质量评定

①感官评定

表 2-9　青贮饲料感官检验指标

质地	颜色	气味	酸味	品质等级
松软不黏手	青绿或黄绿	酸香味	浓	优良
松软略带黏性	黄褐色	香味淡，有刺鼻酸味	中等	中等
发黏结块	黑褐色或灰白色	霉烂味	淡	劣等

②化学评定

表 2-10　有机酸组成与全株玉米青贮饲料质量的关系

全株玉米青贮饲料质量	pH	占总酸比例 /%		
		乳酸	乙酸	丁酸
优良	3.3~4.2	> 53	< 47	< 3
中等	4.2~4.7	43~53	47 ~ 52	3~7
劣等	4.7 以上	< 43	> 52	> 7

3. 优点

青贮能将青绿饲料原料的营养成分保存下来，是因为原料在贮存过程中进行了一场由微生物引起的发酵，这一过程要是完成得好，能够得到适口性好、消化率高的饲料产品。

（二）氨化技术

禾本科作物收获种子后剩余的地上部分，秸秆的主要成分是粗纤维，粗纤维中的纤维素、半纤维素可以被草食家畜消化利用，木质素则基本不能被消化利用。秸秆中的纤维素和半纤维素有一部分同不能消化的木质素紧紧地结合在一起，阻碍其被家畜消化吸收，氨化的作用就在于切断这种联系，把秸秆中的这部分营养释放出来，同时增加秸秆粗蛋白含量，使其能被家畜消化吸收。

1. 技术原理

氨化秸秆的原理：秸秆的主要成分是粗纤维，而粗纤维中所含的纤维素、半纤维素是可以被草食家畜消化利用的，木质素则基本不能消化，通过碱和氨与秸秆发生碱解和氨解反应，将连接木质素与多糖的酯键破坏，将秸秆熟化变软，提高适口性、原料营养价值和消化率。同时，氨吸附在秸秆上，氮与秸秆中的有机酸化合，中和了秸秆中潜在的酸度，增加了秸秆粗蛋白质含量，氨随秸秆进入反刍家畜的瘤胃，瘤胃可利用氨合成微生物蛋白质，进一步提高氨的营养价值和消化率。

2. 技术要点

（1）原料处理　主要采用玉米、小麦、甘蔗、水稻等农作物秸秆，确保原料新鲜干净无霉变，含水量控制在20%~40%，秸秆粉碎或铡成2~3 cm的短秸秆。

（2）氮源来源　氮源主要有氨水（氨浓度20%）、尿素、碳铵、液氨等。

表 2–11　氨源的种类及添加量

氨源种类	液氨	尿素	氨水（氨浓度 20%）	碳铵
添加量 /%	3	3~5	10~12	10

（3）装窖

①采用氨水处理，秸秆堆好后，根据秸秆的量，水分控制在20%~40%，将氨水用水稀释好后，用水桶或胶管直接向秸秆堆的中部浇洒。

②采用液氨处理，装窖过程中在窖的中心位置先放一个木杠，木杠与地面呈45° 角，向秸秆均匀洒水然后继续装草，最终使整个秸秆垛含水量达到30%~40%。直至装窖完毕，取出木杠，插入多孔的注氨钢管，按秸秆量3%的比例注入液氨后用塑料薄膜密封，上层覆盖秸秆后压实。在使用液氨的过程中必须佩戴防毒面具。

③采用尿素或碳铵处理，每100 kg 秸秆添加3~5 kg 尿素，取水30~40 kg，配制成尿素溶液；碳铵稀释到10% 左右。秸秆放入氨化窖同时均匀喷洒水溶液，含水量达到30%~40%，在顶面堆成高出窖面1 m 以上的拱形。

（4）封窖　将塑料薄膜沿秸秆的拱形顶面顺坡向窖的周边铺压，窖边用泥土压实、封严，在薄膜上面再压一层覆盖物。封顶后要经常查看池顶变化，发现裂缝或凹坑，应及时填平封严，以防漏气腐败。

（5）开窖放氨　在环境温度10~20℃，放置1~2个月，氨化结束即可开窖，如果环境温度较低或者较高可适当推迟或提前10~20 d 开窖。选择晴朗天气，把氨化好的秸秆摊开晾晒1~3 d，频繁翻动。

（6）饲用　氨化秸秆应与能量饲料，以及青绿饲料或青贮饲料搭配饲喂。一般氨化秸秆喂量占牛日粮的30%~40%，能量饲料与青绿饲料或青贮饲料占60%~70%。饲喂氨化饲料1 h 后方可饮水，以防发生家畜氨中毒。未断奶的犊牛因瘤胃内的微生物生态系统尚未完全形成，应慎用。

（7）品种鉴定

表 2–12　秸秆氨化饲料品质鉴定指标

等级	优等	中等	低等
颜色	色泽棕色或深黄色，发亮	色泽黄褐色，光泽差	色泽灰黑或灰白，发暗
气味	有强烈的氨味，气味糊香或微酸香味	打开时有氨味、酸味	腐败霉烂味
质地	质地柔软，发散，放氨后干燥，温度不高	质地较柔软松散，温度不高，略带黏性	温度高，发黏结块
腐烂率	≤ 2	≤ 10	≥ 10
适口性	好	较好	差（不适于饲喂）

3. 优点

氨可以防止饲料霉变，能杀死野草籽，并很好地保存水分含量高（16%以上）的粗饲料。氨化秸秆处理能有效提高饲料营养成分，满足肉牛对营养价值的需求，提高秸秆再利用效果，有效降低饲料成本和削减环境压力，促进肉牛养殖业的健康发展和生态环境的持续改善。

（三）微贮技术

微贮饲料是在秸秆、牧草、藤蔓等饲料作物中添加有益微生物，通过微生物的发酵作用而制成的一种具有酸香气味、适口性好、利用率高、耐贮的粗饲料。微贮饲料可保存饲草料原有的营养价值，在适宜的保存条件下，只要不启封即可长时间保存。

1. 技术原理

微贮就是利用微生物活菌在温度（10~40℃）、湿度（60%~70%）和厌氧条件下发酵秸秆，益生菌大量生长繁殖，使原料中的纤维素、半纤维素－木聚糖链和木质素聚合物的酯链被酶解，发酵过程中部分转化为糖类，糖类又被有机酸菌转化为乳酸和挥发性脂肪酸，使pH下降到4.5以下，抑制了丁酸菌、腐败菌等有害菌的生长繁殖，从而使被贮原料气味和适口性变好，利用率提高，以利于反刍家畜提高对粗纤维的消化率，保存期延长。与常规的青贮发酵技术相比，常规的青贮技术是将玉米秸秆横切，秸秆的表层硬质结构依然存在，适口性不好，利用率仅有70%左右，造成饲料的浪费。微贮是玉米秸秆通过破坏了玉米秸秆硬质表皮结构，使饲草柔软，适口性好，利用率可达90%以上，大大提高了草食动物消化吸收，从而减少了饲料的浪费。

2. 技术要点

（1）微贮设施　微贮设施主要形式有微贮窖、微贮池、微贮袋等。微贮设施都要保证其可密封性和耐酸性。

（2）微贮剂　微贮剂亦称微贮接种剂、生物微贮剂、微贮饲料发酵剂、微贮添加剂等，抑制杂菌生长，有效保存微贮原料的一类活性微生物制剂。是专门用于调制粗饲料的一类活性微生物添加剂。由一种或一种以上有益菌组成，主要作用是有目的地调节微贮饲料内微生物菌群，调控微贮发酵过程，促进益生菌大量繁殖，更快地产生有机酸，有效地保存微贮原料内的营养物质。使用时，按照使用说明活化和稀释。

（3）含糖量　微贮原料含糖量不应低于1.5%~3.0%。在含糖量不能满足的情况下，可按比例加入糖渣、糖蜜等含糖量高的物质，调节到所需量。

（4）水分　微贮原料含水量控制在60%~70%，质地粗硬的原料水分应稍高，质地细软的原料水分应稍低。

（5）有效活菌数　有效活菌是指能够在原料中大量繁殖并对被贮饲料产生有益作用的活菌。这种活菌的数量越多越好，一般有效活菌数在5 000万 /g以上就可以满足发酵的需要。

（6）装填　装填前将贮窖清理干净。原料分层装填，每装30 cm 左右均匀喷洒菌液水一次，压实，采用雾状喷洒，避免用大压力水管直接喷射，以防止物料吸收水分不足或者压不实，保证所有角落菌液均匀且装紧压实。要求连续装填，地下式或半地下式窖直到高于窖口40 cm 再封口。

（7）封窖　封窖可用盖土或其他材料进行。当秸秆分层压实到高出窖口40 cm 时再充分压实，最后盖上塑料薄膜，在上面铺设 30 cm 厚干秸秆或干草。盖土时，应从窖的最里面开始盖，逐渐向窖口方向延伸。覆盖土层的厚度要达到50 cm 左右，边覆盖边拍实，顶部呈半圆形。压土后的表面应平整，并有一定的坡度，无明显的凸凹。窖边挖好排水沟，以防雨水渗漏。密封期间做好防漏气、防漏水及防虫鼠工作。

（8）开窖取用　夏、秋季节经过20 d 可完成发酵，冬、春季节需30 d 完成发酵，发酵后才可以取用。开窖取料应从一端开始，根据喂料需要从上到下、由外及里逐段取用。每次取出量应以当天喂完为宜，每次取料后立即将口封严，避免微贮秸秆饲料暴露在空气中或者雨水浸入引起二次发酵。

（9）微贮饲料的品质鉴定

表 2-13 微贮饲料品质鉴定指标

等级	优等	中等	低等
色泽	接近微贮原料的本色	金黄色或黄绿色	黄褐色、黑绿色、或褐色
气味	具有醇香或果香味，并具有弱酸味，气味柔和	酸味较强，略刺鼻、稍有酒味和香味	有腐臭味、发霉味，手抓后不易用水洗掉
质地	比较松散、柔软湿润，无黏滑感	虽松散，质地粗硬、较干，或有轻微黏性	微贮料结块发热霉变
pH	＜ 4.2	4.3~6.2	＞ 6.2
适口性	好	较好	差（不宜饲用）

3. 优点

微贮处理后的秸秆营养全面、柔软多汁、适口性好、采食率高，经过微贮后既延长了保存时间又提高了秸秆饲料的营养价值。因此，微贮技术是秸秆综合利用和畜牧饲草开发的一条有效途径。

（四）酶贮技术

利用饲料专用酶，在促进有益菌群生长的同时，增加饲料的蛋白质含量，减少秸秆中高含量的粗纤维，从而形成家畜能吸收消化的营养物质。此项技术可提高秸秆资源利用率，属成熟技术。

1. 技术原理

利用青（黄）贮饲料专用酶中的纤维素酶、木聚糖酶、β－葡聚糖酶、果胶酶和蛋白酶将秸秆中的纤维素、半纤维素、β－葡聚糖、果胶和蛋白质等高分子成分降解，水解后成为能被微生物利用的碳源和氮源，在促进有益菌群生长的同时，增加了饲料的蛋白质含量，减少了秸秆中高含量的粗纤维，从而形成家畜能吸收消化的葡萄糖、寡糖、小肽等可利用的营养物质。

2. 技术要点

（1）酶贮设施　酶贮池有地上式、地下式和半地下式三种。

（2）酶贮剂　是由纤维素酶、木聚糖酶、β－葡聚糖酶、果胶酶和蛋白酶组成的一个复合酶系。

（3）原料及水分　供酶贮的原料为清洁、未霉变的玉米秸秆、稻草、麦秸（小麦秸秆、燕麦秸秆、荞麦秸秆等）、豆秸（黄豆秸、豌豆秸、蚕豆秸等）等。酶贮饲料适宜的含水量为60%~70%。

（4）配制饲料酶添加剂　处理1 000 kg秸秆需混合1 kg青（黄）贮饲料专用酶、4~5 kg食盐和10 kg麸皮或玉米面，将饲料酶与食盐、麸皮或玉米面充分混合后备用。

（5）装填　将秸秆充分铡短或粉碎到2~3 cm为宜，装入酶贮池，酶贮池约50 cm厚为一层，将混合好的青（黄）贮饲料专用酶、人工盐、麸皮或玉米面均匀地撒在秸秆中，喷洒水，使含水率达到60%~70%，然后充分拌匀、压紧、踩实，特别对于四壁与四角的部分更要注意压实。

（6）密封　将备贮的秸秆一层层全部贮完、压实，在最上面一层铺上干燥的稻草或麦草，然后均匀撒上青（黄）贮饲料专用酶和人工盐，酶贮饲料要高出墙壁50 cm，然后用双层塑料薄膜封顶，薄膜上部用30 cm厚的土或泥从后向前依次压实、封严，四周再用土压实，池周围挖排水沟。封顶后要经常查看池顶变化，发现裂缝或凹坑，应及时填平封严，以防漏气腐败。

（7）开窖　酶贮饲料经过15~40 d即可开窖，酵酶贮饲料开窖后，应从池的一端横断面按垂直方向自上而下切取，不应将池全面打开或掏洞取料；防止发霉或二次发酵。每次取用量应以2~3 d喂完为宜，取料后要将口封严，以免引起变质腐败。

（8）酶贮饲料的品质鉴定

表 2-14　酶贮饲料品质感官要求

等级	优等	中等	低等
色泽	呈亮黄褐色，有光泽	褐黄色或暗褐色，光泽差	黑褐色，无光泽
气味	芳香酒酸味	淡酸香	刺鼻的腐臭味或霉味
质地	柔软而湿润，不黏手，捏时无汁液滴出	质地柔软，轻度黏手，捏时有汁液流出	发黏、腐烂，捏时结成团块
pH	4.3	4.3~5	5 以上
适口性	好	较好	差（不适于饲喂）

3. 优点

①酶贮可改善饲料中粗蛋白质、淀粉和脂肪的消化，增加饲料的蛋白质含量，减少秸秆中高含量的粗纤维，提高秸秆营养价值、适口性以及消化率，从而提高秸秆资源利用率。②可利用部分干饲草，饲草调制成本低，处理1 000 kg 秸秆只需1 kg 青（黄）贮饲料专用酶。

二、常见精饲料

（一）能量饲料

能量饲料指饲料绝干物质中粗纤维含量低于18%、粗蛋白低于20% 的饲料。能量饲料一般包括谷实类、糠麸类和淀粉质块茎块根及瓜类。

1. 谷实类

（1）玉米　玉米是最重要的能量饲料，素有“饲料之王”之称。富含较高的无氮浸出物，占干物质的74%~80%，而且多数是淀粉，故消化能很高。纤维素含量低；不饱和脂肪酸含量较高，亚油酸含量达2%，为谷实类之首；

玉米中还含有微生物A原，β－胡萝卜素和叶黄素含量也比较高。但是蛋白质和必需氨基酸含量较低，粗蛋白占干物质的7.2%~8.9%，而且蛋白质生物学价值较低。

（2）大麦　大麦是一种重要的能量饲料，饲用价值与玉米接近。粗蛋白质含量12%，比玉米高，而且蛋白质质量较高，其中赖氨酸含量0.52%，在谷实类不多见。钙、磷含量比玉米高。粗脂肪含量比较低，是获得优质肉牛胴体的良好能量饲料，粉碎饲喂效果更好。但是维生素A原含量不足。

（3）高粱　高粱籽实是一种重要的能量饲料。去壳高粱和玉米一样，富含较高的无氮浸出物，主要成分是淀粉，可消化养分高。粗蛋白质含量一般，品质也不高。钙含量少，磷含量较高。维生素A原含量少。高粱中含有单宁，有苦味，适口性较差，肉牛不爱采食。破碎后饲用营养价值可达到玉米的95%。

（4）燕麦　燕麦是一种很有营养价值的饲料，饲草作为青干草和青贮饲料都很有营养价值。燕麦中由于燕麦壳占总重的25%~35%，故无氮浸出物含量比玉米、大麦和高粱都低。但是蛋白质和粗脂肪含量比较高，分别占总重的10%和4.5%，是喂牛的好饲料。

2. 糠麸类

（1）小麦麸　小麦麸俗称麸皮，是加工面粉过程中的副产物。无氮浸出物比谷实类少，占干物质的40%~50%。粗蛋白质占12%~16%，粗纤维占10%左右。麸皮适口性好，但是具有轻腹泻性，作为育肥牛能量饲料的效果不是太理想。

（2）稻糠　稻糠也叫细米糠，是稻谷脱壳后制米的副产物。稻糠的无氮浸出物含量和麸皮相当，粗蛋白质的含量约为13%，粗脂肪含量也比较高，达到17%。较高的脂肪给稻糠的贮存带来了较大不便，也容易造成腹泻和脂肪发软。

3. 淀粉质块茎块根及瓜类

（1）马铃薯　马铃薯也叫洋芋或山药蛋，俗称土豆。大面积分布在我国北方地区，既是人的主粮，也是肉牛的饲料来源，还是马铃薯粉条加工的主要原料。其淀粉含量比较高，占干物质的80%。马铃薯中水分含量约为75%。维生素C含量也比较高，粗纤维含量比较低。是肉牛的良好饲料来源，生喂时要注意的是，如果马铃薯表皮变绿，表明龙葵素含量增高，大量饲喂可能引起消化道炎症或中毒，甚至死亡。

（2）南瓜　南瓜中无氮浸出物占干物质的62%，粗蛋白质占13%，粗脂肪占6.5%，粗纤维占12%。南瓜营养价值比较高，不管是藤蔓还是南瓜都是肉牛的好饲料，藤蔓也可以用于和其他牧草做青贮，是肉牛良好的育肥饲料。

（二）蛋白质饲料

蛋白质饲料是指自然含水率低于45%，干物质中粗纤维又低于18%，而干物质中粗蛋白质含量达到或超过20%的豆类、饼粕类和动物性蛋白质等饲料。但是肉牛属于草食家畜，不能食用动物源性饲料。

1. 豆类

（1）大豆　大豆富含蛋白质、脂肪和无氮浸出物较多。粗蛋白质含量占干物质的34.9%~50%，但蛋白质中含蛋氨酸、色氨酸、胱氨酸较少，与禾本科籽实饲料混合饲喂效果更好。未加工的大豆中含有多种抗营养因子，最常见的是胰蛋白酶抑制因子和凝集素。如果炒熟饲喂，既可破坏其所含的抗胰蛋白酶，且增加适口性，从而提高蛋白质的消化率及利用率。

（2）豌豆　豌豆和蚕豆的蛋白质、无氮浸出物含量相近。粗蛋白质含量占干物质的20.6%~31.2%，因脂肪含量低，喂肥育牛能获得较好的硬脂肪。

2. 饼粕类

（1）大豆饼（粕）　大豆饼（粕）是最常用的一种植物性蛋白质饲

料。其蛋白质含量占干物质的40%~45%，去皮豆粕可高达49%，蛋白质消化率达80%以上。大豆饼粕含赖氨酸2.5%~2.9%，蛋氨酸0.50%~0.70%，色氨酸0.60%~0.70%，苏氨酸1.70%~1.90%，氨基酸平衡较好。生大豆饼粕含有抗营养因子，如抗胰蛋白酶、凝集素、皂素等，它们影响豆类饼粕的营养价值。这些抗营养因子不耐热，适当的热处理（110℃，3 min）即可灭活，但如果长时间高温作用，通常以脲酶活性大小衡量豆粕对抗营养因子的破坏程度。

（2）菜籽饼（粕） 菜籽饼（粕）蛋白质含量中等，占干物质的36%左右。菜籽饼（粕）的蛋氨酸含量较高，在饼粕中仅次于芝麻饼粕，居第二位，赖氨酸含量2.0%~2.5%，在饼粕类中仅次于大豆饼粕，居第二位。菜籽饼（粕）中硒含量高，达1 mg/kg。

（3）棉籽饼（粕） 完全脱了壳的棉籽所制成的棉籽饼粕，蛋白质含量占干物质的40%以上，甚至可达46%。棉籽饼粕中含有棉酚，游离棉酚对动物有很大的危害，具有辛辣味，适口性也不好，肉牛食用时应适量搭配其他蛋白质饲料配合使用。

（4）亚麻饼（粕） 亚麻饼（粕）俗称胡麻饼（粕），粗蛋白质含量占干物质的32%~36%，粗纤维为7%~11%，其蛋白质品质不如豆粕和棉粕。亚麻饼粕中含有亚麻苷、乙醛糖酸和维生素B等抗营养因子，肉牛食用时应也要适量搭配其他蛋白质饲料配合使用。

（三）饲料添加剂

饲料添加剂是指为了某种目的在饲料生产加工、使用过程中添加的少量或微量物质的总称，在饲料中用量很少但作用显著。在配合饲料中除了添加矿物质饲料外，还可添加部分饲料添加剂。添加饲料添加剂的目的，有的改善饲料营养价值，有的提高饲料利用率，有的增进动物健康，有的促进动物生产等。

1. 饲料添加剂的种类

饲料添加剂按其功能可分为：营养性饲料添加剂和非营养性饲料添加剂。

2. 饲料添加剂的使用条件

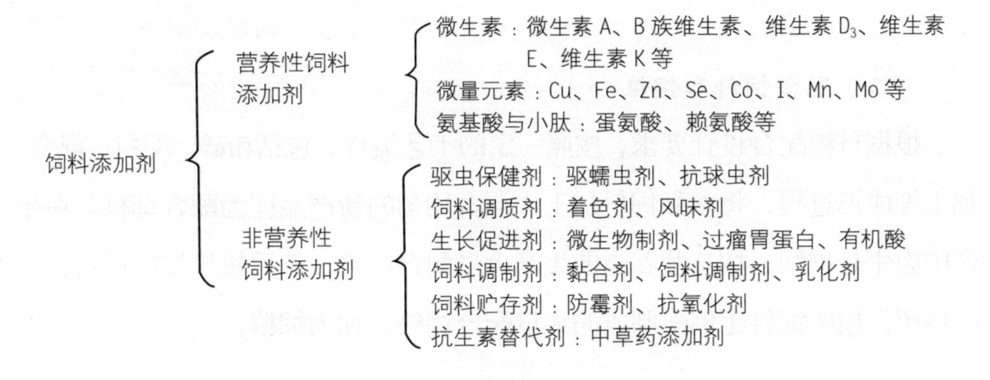

图2-3 肉牛饲料添加剂的分类

（1）不影响饲料的适口性，不影响牛肉质量和人体健康；不对肉牛产生急性、慢性中毒和不良影响；不影响胎儿和犊牛生产发育；不污染自然环境，有利于畜牧业健康持续稳定发展。

（2）可以长期使用，有显著的经济效益和生产效果；在饲料中可以稳定保存，在肉牛体内可以稳定存在。

（3）不得使用超过有效期的饲料添加剂。

第三节 饲料配方设计

一、概念

（一）日粮

日粮是指一昼夜内一头肉牛所采食的饲料量。如果根据肉牛不同生理阶段的营养需要，将粗料、精料、矿物质、维生素和其他添加剂等，按照一定的配比进行充分搅拌混合而得到的一种营养相对均衡的日粮，称为全混合日粮（Total Mixed Rations，TMR）、平衡日粮或全价日粮。

（二）配合饲料和饲粮

根据日粮配合设计要求，按照一定的工艺流程，包括粉碎、配料、混合、加工等成形过程，将多种饲料加工成混合均匀的新产品即为配合饲料。在生产中肉牛是群饲，按其营养需要生产大量配合饲料，然后按日按顿投料，这种按照日粮中饲料比例配制成的大量配合饲料，称为饲粮。

（三）饲料配方设计

不论日粮、饲粮还是配合饲料，都是根据动物的营养需要、饲料营养成分、原料的形状及价格等条件，将多种饲料原料科学地配合而组成，这种饲料原料的配合比例称为饲料配方。这个制作配合饲料的计算过程就是饲料配方设计。

（四）添加剂预混合饲料

添加剂预混合饲料也称预混料，就是将一种或多种微量饲料添加剂和稀释剂或载体均匀混合而成的产品。通常按照配合饲料产品需求量设计，要求在日粮、饲粮或配合饲料中添加0.01%~5.00%。

（五）浓缩饲料

浓缩饲料是指蛋白质饲料、矿物质饲料（钙、磷和食盐）和添加剂预混料按一定比例配制而成的配合饲料。一般饲喂肉牛的添加量为20%~40%。饲喂前要配合一定量的能量饲料和粗饲料，形成全混合日粮饲喂。

（六）精料补充料

精料补充料是反刍动物特有的饲料，主要由能量饲料、蛋白质饲料、矿物质饲料和添加剂预混料组成，用于肉牛补饲。不同季节使用的粗饲料也不同，因此精料补充料应根据粗饲料的变化来调整配方，用于补充青粗饲料中养分的不足。

二、饲料的配制原则

饲料配制中涉及许多影响因素，为了实现各种饲料原料之间的最佳搭配，使肉牛日粮更加科学、安全、经济、健康，在饲料配制过程中应遵循以下原则。

（一）安全性原则

饲料配方的设计要严格按照国家法律法规和条例，不能添加的绝对不能使用。所用原料除了对肉牛健康和牛肉产品质量没有影响外，还要符合环保要求，对生态环境和其他生物安全也不能造成影响。尤其是减少和替代抗生素的使用是目前饲料配方设计的新挑战，要综合考虑中草药的使用安全问题。

（二）科学性原则

饲料配方设计要根据肉牛饲养标准所规定的当前生产阶段营养物质需要量来设计。要注意色香味俱全，提高采食的适口性，提高肉牛生产性能。肉牛属于草食家畜，饲喂应以粗饲料为主，搭配少量精料补充料，根据肉牛消化生理特点和生长发育阶段调整精粗比，实现健康养殖。

（三）经济性原则

以经济性为本，因地制宜，就地取材，降低成本。充分利用当地现有农副产品和饲草料资源，降低饲养成本。

三、全价饲粮配方的设计方法

（一）十字交叉法

十字交叉法又叫四边法、四角法或方形法。此法适合于饲料种类和营养指标少的情况。比如计算两种原料，一种营养水平之间的配比关系，此法最快。

例如：配制10 t 体重300 kg 的育肥牛育肥期全混合日粮，要求全混合日粮粗蛋白质12%（加工和饲喂损耗计算在内，上浮10% 左右），蛋白质饲料为含粗蛋白质30% 育肥牛浓缩料，能量饲料为含粗蛋白质8.5% 的玉米，粗饲料为含粗蛋白质5% 的玉米秸秆混合物。

1. 先画一个长方形，在图中央写上玉米和育肥牛浓缩料配合饲料的粗蛋白质含量17.5%，长方形左边上下两角分别是玉米和育肥牛浓缩料的粗蛋白质含量。画四角对角线，并标出箭头方向，顺箭头方向以大数减小数计算。

2. 上面计算出的差数分别除以差数之和，就得出两种精饲料原料的百分比。

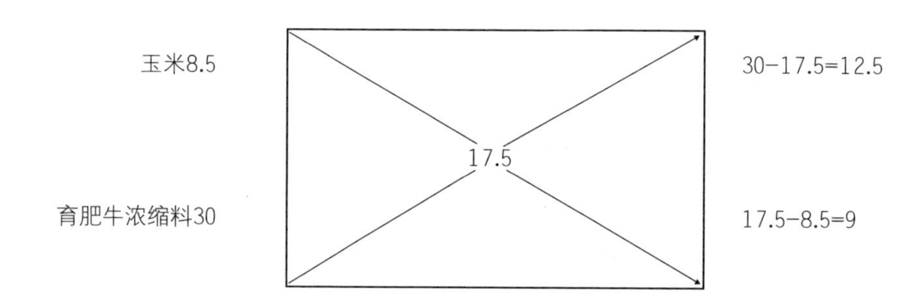

玉米应占的比例：

$$\frac{12.5}{12.5+9}\times100\%=58\%$$

育肥牛浓缩料应占的比例：

$$\frac{9}{12.5+9}\times100\%=42\%$$

3. 先画一个长方形，在图中央写上全混合日粮配合饲料的粗蛋白质含量17.5%，长方形左边上下两角分别是浓缩料精料混合料和玉米秸秆混合物的粗蛋白质含量。画四角对角线，并标出箭头方向，顺箭头方向以大数减小数计算。

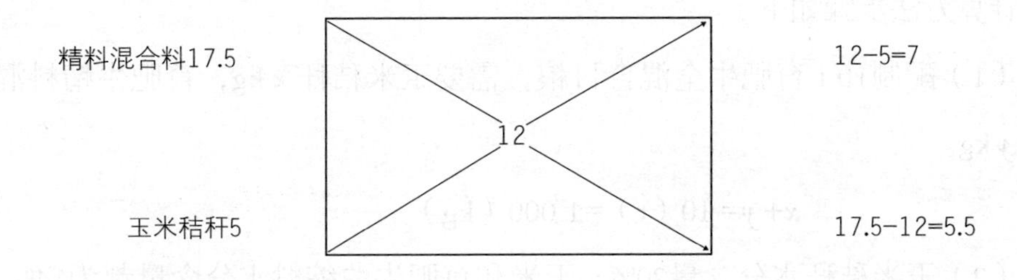

4. 上面计算出的差数分别除以差数之和，就得出精料混合料和玉米秸秆组成的全混合日粮原料的百分比。

精料混合料应占的比例：

$$\frac{7}{5.5+7}\times100\%=56\%$$

玉米秸秆应占的比例：

$$\frac{5.5}{5.5+7}\times100\%=44\%$$

5. 如果玉米秸秆、玉米和育肥牛浓缩料水分含量忽略不计，根据上面计算公式得出的百分比计算出，配制10 t 育肥牛全混合日粮饲粮原料的需要量。

计算方法步骤如下。

育肥牛浓缩料需要量：

$$10\ 000 \times 56\% \times 42\% = 2\ 352\ (\text{kg})$$

玉米需要量：

$$10\ 000 \times 56\% \times 58\% = 3\ 248\ (\text{kg})$$

玉米秸秆需要量：

$$10\ 000 \times 44\% = 4\ 400\ (\text{kg})$$

如果玉米秸秆、玉米和育肥牛浓缩料水分含量不一致。比如玉米秸秆水分含量20%，玉米和育肥牛浓缩料水分含量都为14%，根据上面计算公式得出的百分比计算出，配制10 t 育肥牛全混合日粮饲粮原料的需要量。

计算方法步骤如下：

（1）配制10 t 育肥牛全混合日粮，需要玉米秸秆 x kg，育肥牛精料混合料 y kg。

$$x + y = 10\ (\text{t}) = 1\ 000\ (\text{kg})$$

（2）玉米秸秆水分含量20%，玉米和育肥牛浓缩料水分含量都为14%。精料混合料和玉米秸秆在全混合日粮干物质占比分别是56% 和44%，计算出精料混合料和玉米秸秆在10 t 全混合日粮鲜样中各添加多少千克。

列二元一次方程：

$$\begin{cases} \dfrac{(1-20\%)\ x}{(1-14\%)\ y} = \dfrac{44\%}{56\%} \\ x + y = 10\ 000 \end{cases}$$

解方程：

$x = 4\ 579$（kg）

$y = 5\ 421$（kg）

（3）由于育肥牛精料混合料的成分是玉米和育肥牛浓缩料，且水分含量相同，按其组成比例，玉米和育肥牛浓缩料在育肥牛精料混合料的占比是58% 和42%，计算出鲜重质量。

玉米鲜重质量：

5 421 × 58%=3 144（kg）

育肥牛浓缩料浓缩料：

5 421 × 42%=2 277（kg）

因此，水分忽略不计情况下，10吨育肥牛全混合日粮中育肥牛浓缩料添加2 352 kg，玉米添加3 248 kg，玉米秸秆添加4 400 kg；水分不忽略的情况下，10 t 育肥牛全混合日粮中育肥牛浓缩料添加2 277 kg，玉米添加3 144 kg，玉米秸秆添加4 579 kg。

（二）试差法

根据营养标准、原料营养含量和实践经验先粗略设计一个配方，然后再对照营养标准微调原料，直到原料营养含量接近营养标准需求量，实际生产中考虑损耗，各种营养成分含量应略高于营养标准需要量10% 左右。这个方法简单，容易掌握，目前使用比较广泛。

具体方法如下：

例如，配制300 kg 的生长育肥牛的日粮，预期日增重1千克。

1. 查300 kg，日增重1 kg 生长育肥牛营养需要标准（表2−15），300 kg 生长育肥牛营养需要见表2−15。

表 2−15　体重 300 kg、日增重 1 kg 生长育肥牛营养需要

体重 /kg	日增重 /kg	干物质 /kg	肉牛能量单位 / 个	粗蛋白质 /g	钙 /g	磷 /g
300	1.00	7.11	4.92	785	34	18

2. 查粗饲料原料营养成分

常用的粗饲料有玉米青贮和野干草，查饲料营养成分表（NY/T815—2004），其养分含量见表2-16。

表 2-16　玉米青贮和野干草营养成分

粗饲料名称	干物质/%	肉牛能量单位/（个·kg^{-1}）	粗蛋白质/%	钙/%	磷/%
玉米青贮	22.70	0.12	1.60	0.10	0.06
小麦秸秆	43.50	0.11	4.40	—	—
稻草	90.30	0.22	6.20	0.56	0.17

3. 计算粗饲料提供营养养分

根据饲养经验，初步拟定日投喂粗饲料15 kg，其中青贮玉米11 kg，小麦秸秆3 kg，稻草1 kg。计算初配粗饲料日粮养分，其养分含量见表2-17。

表 2-17　粗饲料提供营养养分

粗饲料名称	原样给量/kg	干物质/kg	肉牛能量单位/个	粗蛋白质/g	钙/g	磷/g
玉米青贮	11	2.50	1.32	176	11	6.60
小麦秸秆	3	1.31	0.33	132	0	0
稻草	1	0.90	0.22	62	5.60	1.70
小计	15	4.71	1.87	370	16.60	8.30

4. 计算粗饲料尚缺营养养分

粗饲料日粮养分是否满足生长育肥牛营养需要，与营养标准作差即可得知，见表2-18。

表 2-18 粗饲料提供养分与生长育肥牛营养需要的比较

类别	干物质/kg	肉牛能量单位/个	粗蛋白质/g	钙/g	磷/g
粗饲料提供养分	4.71	1.87	370	16.60	8.30
营养标准	7.11	4.92	785	34	18
与标准之差	−2.40	−3.05	−415	−17.40	−9.70

由表2−18做差比较可知，粗饲料各营养物质都不足，需要添加精饲料补充。对营养物质补充的一般顺序为肉牛能量单位、粗蛋白、磷、钙等，微量元素、维生素、其他必需氨基酸种类过多，计算比较繁琐，试差法不考虑计算，在日粮配方确定时按照需求量补充，但需扣除配方含量。

5. 查精饲料原料营养成分

精饲料的选择，根据当地饲料资源选择，这里选择常见的玉米、燕麦、麦麸、胡麻饼、豆饼、磷酸氢钙和石粉，查饲料营养成分表（NY/T815—2004），其养分含量见表2−19。

表 2-19 精饲料营养成分

饲料	干物质/%	肉牛能量单位/（个·kg^{-1}）	蛋白质/%	钙/%	磷/%
玉米	88.40	1.13	8.60	0.08	0.21
燕麦	90.30	0.95	11.60	0.15	0.37
麦麸	88.60	0.82	14.40	0.20	0.88
胡麻饼	92	0.94	33.10	0.58	0.84
豆饼	90.60	0.97	45.80	0.32	0.75
磷酸氢钙	99.80	—	—	23.20	18.60
石粉	99.10	—	—	32.54	—

6. 计算精饲料提供营养养分

根据饲养经验，初步拟定日投喂精饲料2.9 kg，其中，玉米1.8 kg、燕麦0.4 kg、麦麸0.2 kg、胡麻饼0.2 kg、豆饼0.2 kg、磷酸氢钙0 kg、石粉0.04 kg。计算初配精饲料日粮养分，其养分含量见表2–20。

表 2–20 精饲料提供营养养分

粗饲料名称	原样给量/kg	干物质/kg	肉牛能量单位/个	粗蛋白质/g	钙/g	磷/g
玉米	1.80	1.59	2.03	154.80	1.44	3.78
燕麦	0.40	0.36	0.38	46.40	0.60	1.48
麦麸	0.20	0.18	0.16	28.80	0.40	1.76
胡麻饼	0.20	0.18	0.19	66.20	1.16	1.68
豆饼	0.30	0.27	0.29	137.40	0.96	2.25
磷酸氢钙	0	0	0	0	0	0
石粉	0.04	0.04	0.00	0.00	13.02	0.00
小计	2.94	2.62	3.05	433.60	17.58	10.95

7. 精饲料日粮养分补充情况

精饲料补充的养分能否满足肉牛营养需要，把表2–20与表2–18比较分析可知，见表2–21。

表 2–21 精饲料提供营养养分与尚缺营养养分的比较

类别	干物质/kg	肉牛能量单位/个	粗蛋白质/g	钙/g	磷/g
精饲料提供养分	2.62	3.05	433.60	17.58	10.95
尚缺营养养分	2.40	3.05	415	17.40	9.70
比较值	+0.22	0	+18.6	+0.18	+1.25

配方与营养标准接近，可以满足300 kg的生长育肥牛，日增重1 kg的日粮营养需要。

8. 日粮养分总体情况

日粮配方总体营养情况，见表2-22。

表 2-22　日粮养分总体情况

粗饲料名称	原样给量/kg	干物质/kg	肉牛能量单位/个	粗蛋白质/g	钙/g	磷/g
玉米青贮	11.00	2.50	1.32	176	11.00	6.60
小麦秸秆	3.00	1.31	0.33	132	0	0
稻草	1.00	0.90	0.22	62.00	5.60	1.70
玉米	1.80	1.59	2.03	154.80	1.44	3.78
燕麦	0.40	0.36	0.38	46.40	0.60	1.48
麦麸	0.20	0.18	0.16	28.80	0.40	1.76
胡麻饼	0.20	0.18	0.19	66.20	1.16	1.68
豆饼	0.30	0.27	0.29	137.40	0.96	2.25
磷酸氢钙	0	0	0	0	0	0
石粉	0.04	0.04	0.00	0.00	13.02	0.00
合计		7.33	4.92	803.6	34.18	19.25
营养标准		7.11	4.92	785	34.00	18.00
与标准之差		+0.22	0	+18.6	+0.18	+1.25

由表2-22可见干物质多出0.22 kg，在实际饲养过程中可适当减少粗细料的投喂量。配方食盐添加量按照肉牛营养标准每千克干物质1% 计，日粮中还应添加食盐0.07 kg。

配方在使用过程中，可根据实际情况和饲喂效果适当调整，主要考虑适口性、增重速度和经济性等几个指标。经实践验证后的配方更合理科学，经济实用。

（三）计算机法

用计算机设计肉牛育肥的饲料配方也应遵循常规饲料配方计算的基本知识和技能，借助饲料配方软件进行。用于肉牛配方设计的软件很多，具体操作也有差异，但无论哪种配方软件，所用的原理基本相同。《肉牛营养需要》第8次修订版的肉牛营养需要模型，是在Microsoft Office2016的电子表格环境下建立和运行的。这个肉牛营养需要模型演示了应用经验水平解决方案和机制水平解决方案计算肉牛饲粮能量、营养物质供给量及需要量的过程。对熟悉Microsoft Office的有经验的饲料配方设计人员可利用Excel表格进行配方设计，非常方便。

第三章　肉牛场建设与环境控制技术

第一节　肉牛场场址选取

肉牛的健康状况和肉牛场的经济效益都受到肉牛场选址的影响。肉牛场选址的好坏直接影响肉牛的生存环境，良好的自然环境和社会环境是肉牛健康的重要保证。场址的选择要综合考虑地势、地形、土质、气候、水电源、周边饲草资源和农户居住区距离等。

一、肉牛场选址原则

1. 遵守《中华人民共和国畜牧法》第三十七条规定。
2. 保护当地生态环境，牛与环境和谐相处。
3. 因地制宜，发挥当地饲草资源优势。
4. 符合牛的生物学特性和生活习性。
5. 交通便利，方便肉牛入栏和出栏。
6. 肉牛能健康生活，发挥肉牛生长潜能。

7. 符合动物防疫条件许可和区域内土地使用、农业发展布局规划。

二、自然条件

（一）饲草资源

选址周围肉牛的饲草资源种类要丰富多样，饲草产量充足。饲草资源距离要在3~5 km之间，方便饲草的收集和运输，尤其是做青贮玉米的场，青贮玉米种植基地是肉牛场址选址重要的参考指标之一。

（二）地势和地形

肉牛场要选在地势高、干燥、平坦、整齐、周围开阔和背风向阳的地方。地面坡度不能超过25°，地下水位较深比较好。不能选在低洼排水困难的地方，遇到汛期积水难排。

（三）水源

肉牛场每日都需要大量的清洁供水，包括肉牛饮用水、工人生活用水、夏天降温用水和消防用水等。一头肉牛日耗水量平均在15~30 L。选址时应考虑周边有可靠、充足和质量安全的水源。

（四）气候

肉牛牛场要选择在常年气温比较低的地方，肉牛是耐寒怕热的动物。还要综合考虑风向、日照、降水量、土壤冻结深度和积雪深度，这些都是建场之初设计牛舍的参考指标。

（五）土质

肉牛场的土质以砂壤土最好，砂壤土透气透水、吸湿性强、抗压性稳定。

黏土不适合，黏土吸水性好，会造成场区积水、泥泞，有害微生物迅速繁殖，蚊蝇滋生，肉牛腐蹄病增加，给养殖带来很多困难。

三、社会条件

（一）电源

现代肉牛场养殖模式是以机械化为主，部分机械需要用动力电，要求配备Ⅲ级电源。另外，机械化过高的场子，要配备发电机组，在供电出现故障时保证关键环节正常运行。

（二）防疫

场址要符合兽医防疫要求与公共卫生的要求。肉牛场要选择在居民区的下风向，并保持距离居民区500 m远，不能把牛场建成居民生活区的污染源。

（三）交通

肉牛场的位置要求交通便利，但与公路之间要保持一定距离，要求距国道、省际道路500 m，距省道、区际公路300 m，距一般公路100 m。

（四）环保

肉牛养殖过程中，产生的臭气容易扩散。在选址时，要选定一块地方作为粪污资源化利用场地，确保不污染环境。

第二节　肉牛场布局与环境控制技术

肉牛场合理的布局和环境控制技术的运用是保证肉牛高效健康养殖的重要因素之一。传统肉牛养殖技术核心太注重牛肉的产量，忽视养殖过程中环境对牛肉品质的消极影响。

一、肉牛场布局与环境控制的原则

1. 坚持采用科学合理的场区空间布局，结合先进的环境控制技术，做到生产环保两不误原则。

2. 坚持统筹规划、突出重点的原则，在满足生产工艺流程及卫生防疫要求的同时，做到合理用地、节约用地。

3. 坚持安全卫生、节电、节水的原则。

4. 全面考虑粪尿和污水分流，雨污分流，清污分流的原则。

5. 采用新工艺、新模式、新设施和新设备。

二、肉牛场的布局

肉牛场的布局划分为消毒区、生活管理区、生产区、饲料加工区和隔离与粪污资源化利用区五个区域，各区既相对独立又通过道路连成一个统一的整体，既有利于防疫和环境保护，又便于生产的组织。

（一）消毒区

消毒区是关系着肉牛健康生产的重要区域，也往往是容易被养牛户忽视的区域。消毒区适合建设到养殖区门口和生产区门口，出入的人员车辆都必须彻底消毒，但不能让消毒剂破坏周边环境。通常在场区大门口应设车辆消毒池，凝土结构，与大门等宽，长度至少6 m，池深0.3 m，池内经常保持有消毒液并定期更换。生产区入口应设置消毒室，面积不小于2 m^2，地面铺设消毒垫或利用喷雾消毒。

（二）生活管理区

生活管理区一般建设在主导风向的上风向或地势比较高的地方，并与生产区保持100 m以上的距离，避免疫病、臭气、噪音等影响工人生活，也防止非工作人员走访影响防疫。

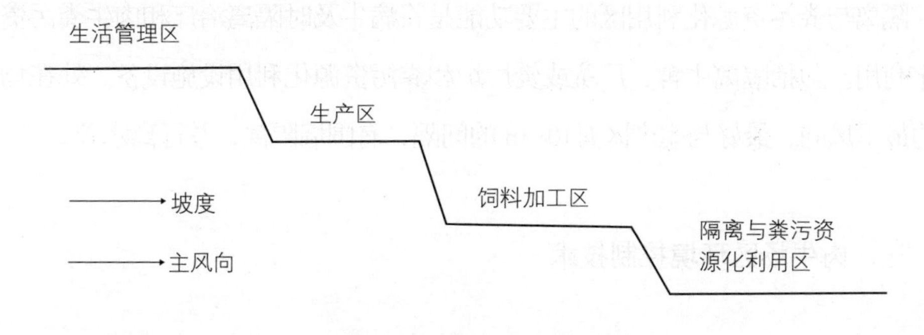

图3-1 肉牛场布局示意图

（三）生产区

生产区是整个肉牛场的核心区域，由一定数量的牛舍和配套设施组成，应设在场区地势较低的位置。里面主要有牛舍、草料棚、青贮池、各种机械装备和附属设施。设置出入门、消毒室、更衣室和车辆消毒池，要能控制场外人员和车辆，车辆和闲杂人等不能直接进入生产区，要保证最安全、最安静。生产区牛舍要合理布局，各牛舍之间要保持适当距离，布局整齐，以便防疫和防火。

（四）饲料加工区

饲料加工区是肉牛饲料的供应、贮存、加工的重要区域，和饲料有关的建筑物，原则上应规划在地势较高的地方，同时兼顾饲料由场外运入，再运到牛舍分发这两个环节，并保证防疫卫生安全。粗饲料库设在生产区下风口地势较高处，与其他建筑物保持60 m 防火距离，为了防止火灾，除青贮池外，其他饲料库、干草棚、加工车间设在生产区的下风口，但必须防止牛舍和运动场因污水渗入而污染草料。

（五）隔离与粪污资源化利用区

隔离与粪污资源化利用区的主要功能是将病牛及时隔离治疗和肉牛粪污资源化利用。包括隔离牛舍、尸坑或焚尸炉和粪污资源化利用设施设备。处在场区的最下风向，最好与生产区有100 m 的间隔，有围墙隔离，并远离水源。

三、肉牛场区环境控制技术

（一）合理的场区布置

1. 道路

肉牛场的道路规划和大门要配套，道路分为净道和污道。净道就是清净的道路，是饲养人员、饲草和健康牛的通行道路，不能污染。污道是有可能被污染的道路，供清理粪污、淘汰病死牛和污浊设备通行。净道设置在上风口，污道设置在下风口，两者不交叉。

2. 水道

牛场要设置专门的排水设施，雨污要分流，即雨、雪产生水和牛舍与运动场出来的污水不能混合，一旦混合会造成污水大量增加，给后期的污水处理带来压力，增加污水处理成本。雨、雪产生的水是干净水，可以直接排出场外；污水不能直接排出场外，若排出场外属于违法（规）行为。污水收集沉淀池等处理设施要离供水水源至少200 m远，以免造成污染，污水要经过处理后再做农业利用。

3. 绿化

绿化不仅仅是美化和净化环境，还可以充当防护带和隔离带，对防疫防火起到积极作用。在规划之初，应考虑到场界林带、产区隔离带的布置。

4. 牛舍朝向与间距

牛舍朝向直接影响舍内的温湿环境和卫生。通常按照主风向和日照建设牛舍，要求冬暖夏凉。比如我国冬季多为西北风或东北风，夏季多为东南风，牛舍的长轴要与主风向垂直，所以南向的肉牛舍较为适宜，即指坐北朝南，因为我国地处北半球，太阳多出现在南面，面朝南的牛舍容易被太阳照射到。

（二）消毒

严格的隔离卫生和消毒是维持场区环境和保持牛体健康的基础。肉牛场周边的隔离墙是第一道隔离设施。进入场区的每道门都要设置消毒室和消毒池，出入的行人、车辆和设备都要消毒。牛场和牛舍要定期消毒，消毒可以减少病原的种类和含量，防止或减少疾病发生。

（三）水源控制

肉牛生产中的水使用途径很多，有管理和饲养人员的生活用水、肉牛饮用水、消毒用水、降温用水和洗涤用水等。水源要建在管理区内，肉牛饮用水可自建水塔，太阳能加热后对肉牛健康有益。水源设施建成后，要加强保护，水源周围不能有污染物，例如，厕所、粪污处理设施、垃圾场和污水池等，水源周围要设置适当的保护区，严禁其他毒品、化肥和农药等流入污染水源。还要定期清洗和消毒饮用水用具和供水系统；定期检测水质，如果水质变差要及时找到原因，及时净化和消毒或更换设备。水质标准参照《生活饮用水卫生标准》(GB 5749—2006)。

(四)防鼠杀虫

鼠是多种疾病的媒介，也是饲料和饲养工具的损害者，灭鼠工作是牛场必须做的一项环境控制工作。灭鼠技术多种多样，有化学法、物理法和生物法等。化学灭鼠法多使用毒饵，效率高、见效快、成本低、使用方便，但容易造成环境污染，威胁肉牛和饲养人员的健康。物理灭鼠法多使用夹子，效率低、见效慢、人工投入大，使用起来不太方便，但是比较安全。生物灭鼠是指培育和利用微生物或动物来消灭害鼠，难度大、安全系数低、适用范围小，实际应用的很少。但在灭鼠应用中，要因地制宜地采取一些措施，有利鼠害的控制。

蚊、蝇、蜱、蚤、螨、虱等都会在肉牛间传播疾病，防止和消灭这些昆虫就显得尤为重要。防虫的首要任务是搞好场区和舍内卫生，清洁、干净、干燥的环境不适于蚊虫产卵孵化，蝇蛆也是在湿度较大的粪污中环境中生存。及时清理粪污和填补场区舍内阴湿积水地方，能很好地防止蚊蝇滋生。除了防止意外，还可以采用杀虫剂消灭害虫，比如化学杀虫剂敌鼠钠盐，生物制剂内溶菌素。将防止和消灭这些昆虫的方法结合起来，效果更佳。

(五)粪污管理

牛粪尿中含有氮、磷、钾等植物生长所需要的营养成分。但是这些营养成分多以有机物的形式存在，不能直接被植物吸收利用，要经过腐熟分解成无机盐的形式，才能被植物吸收。为了提高肥效，减少肉牛粪中的有害微生物、寄生虫卵、草籽的危害，肉牛粪在利用之前最好先经过发酵处理，发酵不仅可以杀死病原菌、草籽和虫卵，还能降解大部分抗生素。

第三节　牛舍建设与环境控制技术

牛舍是养殖场肉牛生产生活的主要小环境，舍内的卫生、湿度、温度和采光都会影响肉牛经济效益。为了适应肉牛的生物学特性和生态环境保护，肉牛舍应根据当地的实际环境来设计，实现效益最大化。

一、牛舍类型

牛舍按照四周封闭程度可分为全封闭式牛舍、半开放式牛舍、半封闭日光式牛舍和围栏养殖4种。通过近几年的饲养发现，全封闭式饲养肉牛圈舍环境较差，饲养管理成本较高，不建议推广使用。

（一）半开放式牛舍

牛舍三面有墙，一面敞开，敞开的一面设有围栏，未敞开一面有部分顶棚。肉牛散养舍内，舍内设有水槽、料槽。肉牛散养舍内，每头母牛需要牛舍面积8 m^2，每头育肥牛需要牛舍面积6 m^2，每头犊牛需要牛舍面积3~4 m^2。

这种牛舍的优点是：造价低、节省人工、透气性好、采光良好；缺点是：保温性差，寒冷的冬季肉牛生产效果不如夏季；牛粪清理较为不便。运动场是肉牛活动和沐浴阳光的场所，不论是母牛、育肥牛、还是犊牛，适宜的运动都能提高肉牛的健康程度，收到更好的经济效益。

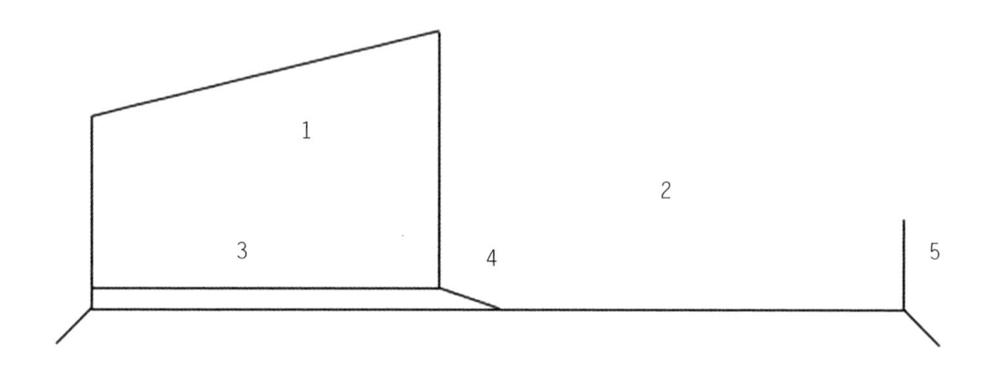

1. 棚舍；2. 运动场；3. 牛床；4. 10 cm 落差；5. 围栏

图3-2　半开放式牛舍剖面图

（二）半封闭式日光型牛舍

这种牛舍四面有墙，运动场的一面墙有柱子，顶棚迎风面封闭，下风向顶部加装减速器，做活动顶棚，地面遥控，雨时关闭，晴时打开，这样的设计有利于运动场牛粪不被雨淋，肉牛散养于内，面积按每头牛6~8 m^2设计。牛舍的优点是：透气性好，采光充足，冬季保温性好，又能保证肉牛充分的沐浴阳光；缺点是：造价成本相对较高，牛粪清理较为不便。

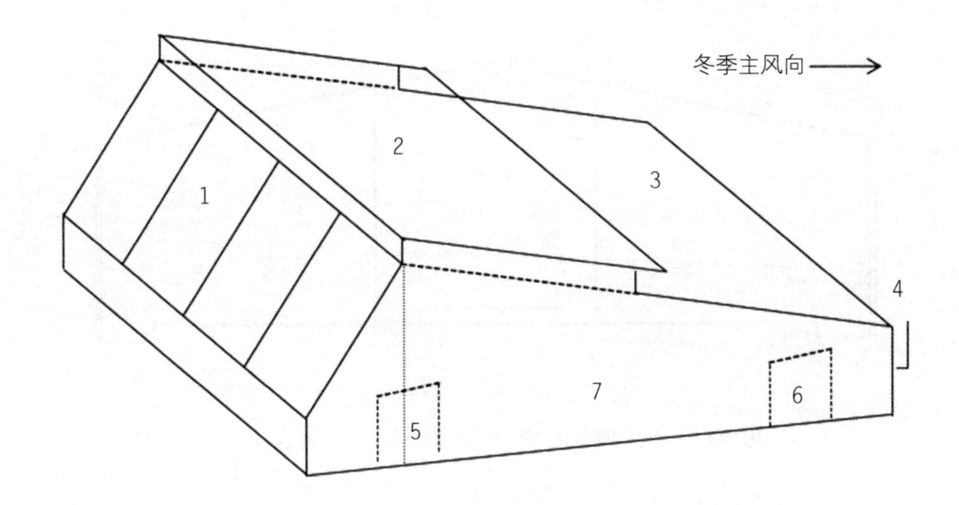

1. 上风向顶封闭；2. 下风向固定顶；3. 下风向活动顶；4. 柱子；
5. 净道门； 6. 污道门； 7. 牛床

图3-3 半封闭式日光型牛舍立体示意图

牛舍下风向柱子要比墙高，有利于通风，如果是北方，为了保暖可以把冬季主风向两侧墙体加高或封严。舍内全部用来做牛床，垫料和粪便一年或半年清理一次即可，水槽和料槽分开设置，水槽设置在地面最低处，肉牛喝水后排的尿液能以最近的距离排到舍外收集。棚顶双层设计，有可伸缩开合沐浴开关和防雨功能。进草料的净道门和出粪污与肉牛的污道门分开设置，污道门可以设置在下风向墙体处。

（三）全封闭式牛舍

全封闭式牛舍有两种，分别是单列式和双列式。牛舍四周都有墙，墙上开有门窗，顶棚遮挡完全。全封闭式牛舍肉牛多采用拴系饲养。这种牛舍保温性好，缺点是透气和采光性差，容易滋生细菌。

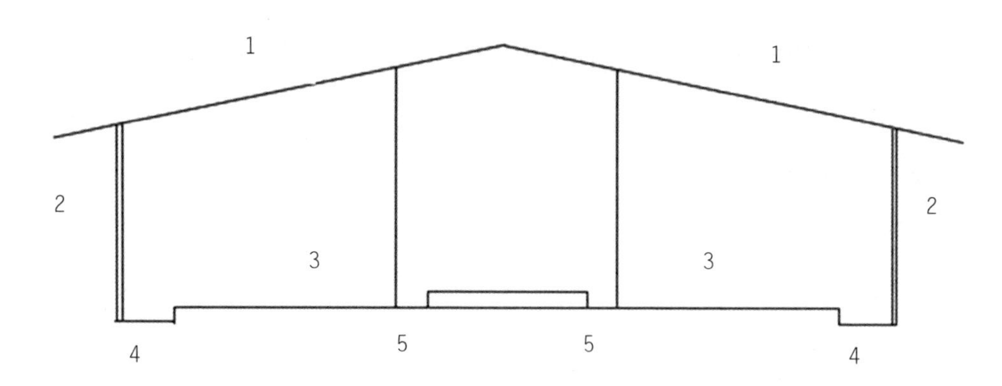

1. 顶棚； 2. 南墙和北墙； 3. 牛床； 4. 粪尿沟； 5. 料槽

图3-4 双列式全封闭牛舍剖面

（四）围栏

围栏养殖全部是露天养殖，按照肉牛存栏头数，以每头能繁母牛30 m^2，育肥牛20 m^2，犊牛15 m^{2}的比例来围栏，将肉牛散养于内，栏内设料槽、水槽和遮阳棚，肉牛耐寒怕热，尤其怕太阳光直射肉牛的眼睛。这种养殖方式比较节省基础设施投资，便于机械运作，适用于大规模饲养，在北方冬季寒冷季节不宜使用。

（五）按生理阶段分类

根据肉牛的生理阶段，牛舍可分为犊牛舍、繁殖母牛舍、产房、育肥牛舍等。

二、牛舍建设要求

（一）建设原则

1. 安全卫生

牛舍要符合畜牧兽医卫生环保要求。

2. 符合肉牛生物特性

创造一个适宜的肉牛成长环境，发挥肉牛的生产潜力。比如保温性、透气性、透光性、湿度、运动面积等都能影响肉牛的生产。

3. 经济实用

就地取材，经济实用，节约养殖基础设施投入。走道科学方便，净道污道不交叉污染，又节约运输时间和距离。

4. 科学机械化

消毒池和消毒室消毒设备投入要科学有效；饲料加工机械和粪污处理设备与场地要与肉牛养殖规模相配套；饲草调制与草料贮备要能满足肉牛饲养量。

（二）建筑要求

1. 墙体

墙体应具有保温隔热作用。墙体的材质一般选用砖墙和砂浆，墙体厚度根据当地气温确定，一般厚为24 cm或37 cm。墙体地基必须牢固，尽量利用混凝土结构，承重墙混凝土地基不得低于1.5 m。

2. 棚顶

舍顶应隔热保温，能抵抗雨雪、强风等外力因素的影响，一般负荷应达到每平方米50 kg以上。棚顶材料要求夏季隔热、冬季保暖，且不影响通风和散热。棚顶样式根据当地气候条件选择。

3. 地面

地面采用三合土、木质、混凝土或实心砖立铺，应前高后低，坡度为1.5%，混凝土应抹平，搓出毛面。

4. 牛床

牛床是牛采食和休息的主要场所，应前高后低，坡度为1.5%，利用混凝土防滑地面或实心砖立铺。也可采用场床一体化设计，床体垫料要垫到一定高度，垫料可选用锯末、碎秸秆、菌渣等，每隔3~5 d翻抛一次，每隔半年清粪一次，具体操作后面章节重点介绍。

5. 门窗

牛舍的大门设置数量和大小根据饲养规模和条件开设，如采取人工饲喂方式，牛舍门应便于手推车或农用车出入，高2 m以上，宽2~3 m。如采取全混合日粮（TMR）车饲喂方式，门高应不低于3 m，宽4 m左右。净道门口和污道门口要分开。

窗户的大小和数量根据当地的气候条件和牛舍类型确定，面积应以满足良好的通风换气和采光为宜，一般窗户面积与牛舍内面积的比例按1∶15设计，窗台距地面高度1~2 m。

6. 饲槽

饲槽有多种材质，有水泥槽、木槽、铁槽、石槽等，都必须是耐磨、光滑、坚固、不渗水。槽口宽约65 cm，底宽约40 cm，带弧形，槽外高（远牛侧）约55 cm，槽内高（近牛侧）约30 cm。全混合日粮机械饲喂牛舍饲槽采用地面食槽，便于机械饲喂和清扫。

7. 水槽

肉牛饮水可采用食槽饮水，也可以在运动场边缘且距排水沟较近处设置饮水槽。水槽底部开排水孔，便于清洗水槽。

8. 粪尿沟

全封闭式牛舍内设有粪尿沟，液体沿着沟流出舍外，进入暗沟，流到液体收集池。粪尿沟表面要光滑、不渗水、不妨碍肉牛活动。粪尿沟宽约30 cm，深约10 cm，上口用漏缝板封闭，便于拆卸清理粪尿沟。

（三）肉牛舍环境控制技术

牛舍内影响肉牛生活、生产和健康的主要环境因素有温度、湿度、气流、光照、臭味物质、微生物、粉尘、噪音等。怎么创造适合肉牛生产小气候，目前已成为从事肉牛研究和养殖的人员主要关注点。

1. 温度

温度变化与肉牛的生产性能密切相关。温度过高，肉牛出现热应激，导致牛体温度升高，呼吸急促，心跳加快，食欲不振，停止反刍，精神沉郁，生产力下降，繁殖性能下降，抗病能力减弱，容易感染其他疾病，对牛体的健康和生产造成明显影响。温度过低，肉牛出现冷应激，维持营养需求量增加，肉牛日增重下降，瘤胃活动增强，食糜过瘤胃速度加快，采食量增加，饲料报酬下降，养殖成本增加。

肉牛的适宜温度范围是5~21℃，犊牛适宜的温度范围是10~15℃。在温度较低情况下，肉牛体热损失较大，饲料报酬低，容易造成犊牛死亡。在牛舍建设过程中，就要考虑保温和隔热性能，做好防暑防寒措施。

2. 湿度

湿度是指牛舍空气的潮湿程度，通常用相对湿度来表示。相对湿度就是空气中实际水汽压与饱和水汽压的百分比。通常牛舍内不会太干燥，由于牛体排泄和蒸发作用，牛舍内湿度通常较大，肉牛适宜的相对湿度最佳范围是55%~75%，在适宜的湿度环境中，湿度对牛体调节没有影响。如果湿度过高或过低，则会影响肉牛的体热调节，湿度过低的情况一般会出现在夏天，可通过喷淋或洒水的方式来调节。如果是高湿，在温度较高的情况下，牛的散热受阻，呼吸困难，可能引起死亡。另外，湿度过高也容易滋生病菌和蚊蝇，给肉牛健康带来威胁；

3. 光照

肉牛舍的光照就是太阳光照射，阳光照射能提高母牛繁殖力，增强肉牛抵抗力，促进肉牛生长，阳光中的紫外线还能起到杀菌作用。但是，在夏季要避免太阳光直射肉牛，导致日射病，应做好遮阳防护措施。一般情况下，肉牛舍的采光系数为1：16，犊牛舍的采光系数为1：10~1：14。强度为10~30 lx（勒克斯）。

4. 粉尘

空气中的悬浮微粒有两种：一种是液体小颗粒，一种是固体小颗粒。这种固体小颗粒就是粉尘，是由清洁地面、通风或其他原因造成的。粉尘会影响肉牛毛色质量，引发肉牛呼吸道疾病或其他传染病。舍内粉尘控制在2 mg/m^3 以下，才能避免很多疾病的发生。所以要经常给牛舍通风换气，防止粉尘飞扬，也可通过植树改善牛舍周边环境。

5. 臭味物质

牛舍中臭味物质种类很多，它们来源于肉牛嗳气、有机物的分解和粪尿等排泄物，绝大部分恶臭是有机物慢性厌氧发酵产生的。恶臭的成分非常复杂，现已鉴定出的恶臭成分在牛粪尿中有94种，除了氨和硫化氢两种无机物，有机化合物可分为9类，分别是挥发性脂肪酸、醇类、酚类、酸类、醛类、酮类、胺类、硫醇类和含氮杂环化合物。含量比较多的主要有氨、硫化氢、硫醇类、粪臭素等，还会产生二甲基二硫醚、甲基硫醇等有害气体。为控制臭味物质的产生，应做到以下几点。

（1）合理的布局，合理设计牛场、牛舍的排水系统和粪尿污水的处理系统，保持舍内干燥。

（2）生产过程中，及时清除新鲜粪便，收集污水，翻抛舍内肉牛卧床。减少粪尿的滞留，减少臭味物质的产生。

（3）合理的通风换气，及时排除空气中的臭味物质。

（4）使用垫料，利用床场一体化养殖模式，降低牛舍内的湿度，可以减少舍内臭味物质的含量。

6. 噪音

凡是干扰肉牛正常休息和生产的声音，即肉牛养殖不需要的声音，统称为噪音。噪音的产生使肉牛焦躁不安，出现应急，肉牛食欲低下，生长减缓。一般声音超过75 dB，对肉牛来说就是噪音。减少噪音的办法有以下几点。

（1）选址　牛场远离交通枢纽、矿区、人口密集区等噪音较多的区域。

（2）隔离　选择隔音效果好的建筑材料，牛舍周边种植林带隔音带。

（3）管理　生产机械和工具科学规范使用，出现问题及时修理，减少噪音产生。

7. 气流

一般牛舍适宜的气流流速为0.2~0.3 m/s，如果天气炎热可以提高到0.9~1.0 m/s。

8. 养殖密度

养殖密度舍内要求每头肉牛至少5 m^2，运动场每头牛10~15 m^2。

第四章　肉牛粪污资源化利用技术

第一节　肉牛粪污的特点

肉牛粪污的特点与肉牛的饲养模式有较大的关系，本节以干清粪模式为例，粪污主要包括肉牛粪便和尿液，不含其他污水。根据肉牛粪尿的特点，选择适当的粪污处理方式对改善人居环境，防止污染，增进人、畜健康具有重要意义。

一、肉牛粪尿的特点

肉牛采食的饲料经过反刍仔细咀嚼，并且在瘤胃中充分发酵分解，因此，肉牛粪便结构比较致密，腐熟比较困难。

二、肉牛粪尿的肥分

肉牛粪便中残留大量的营养物质，新鲜牛粪含水量在82%左右，风干样中，粗蛋白含量在10.5%左右，粗纤维含量在26%左右，灰分在20%左右[6]，所以牛粪可制作蚯蚓和蛆等养殖的饲料。除此之外，肉牛粪尿是良好的有机肥源，由于牛粪中含水量多，有机物比较丰富，氮、磷、钾含量比其他家畜要少一些。牛尿有机物含量低，氮和钾的含量比牛粪要多，磷的含量少。氮、磷多是以有机质形态存在，只有经过发酵熟化，分解转化为无机质形态才能被植物吸收利用。而在发酵熟化过程中，肥分的变化主要由微生物作用所引起，肥分在微生物的作用下不断发生变化，含磷化合物转变为磷酸或磷酸盐，含氮化合物转化为铵盐和硝酸盐。

牛粪中铵态氮（NH^{4+}–N）主要是铵离子，当肉牛粪肥与草木灰、碳酸氢铵、尿素混合使用时，铵盐容易变成游离氨而挥发散失，但可以与硝酸铵、磷肥等随机混合使用。正确使用牛粪肥肥效可维持3年，第二年效果最佳，而牛尿是速效肥，当年有效。

表 4–1　肉牛粪尿肥分含量

单位：%

类别	水分	有机物	氮	磷	钾
牛粪	82	15	0.32	0.25	0.16
牛尿	94	3.5	0.95	0.03	0.95

各肥分的占比会因肉牛的饲料、年龄、生产阶段、健康状况等变化而有所差别。

三、肉牛粪尿的排泄量

搞清楚一头肉牛粪尿的排放量，是计划建设粪污资源化利用设施的重要依据。肉牛不同年龄阶段粪尿排放也有区别，一般每天粪尿排放量按如下计算。

表 4–2　肉牛粪尿排放量

单位：kg

生产阶段	24 小时排放量			1 年排放量		
	牛粪	牛尿	合计	牛粪	牛尿	合计
能繁母牛	20	10	30	7 300	3 650	10 950

四、肉牛粪尿对环境的影响

（一）肉牛粪尿对大气的污染

肉牛粪便、尿液具有异味，尤其是粪尿大量堆放到一起时，在微生物分解过程中，有机物分解会产生大量的恶臭气体，含氮化合物、含硫化合物和挥发性有机酸等是恶臭气体的主要成分，堆肥过程中产生的二氧化碳（CO_2）、氨气（NH_3）、甲烷（CH_4）、硫化氢（H_2S）、甲基硫醇（CH_3SH）和氧化亚氮（N_2O）等温室气体，扩散到空气中，会降低空气质量使空气变得污浊，造成大气中温室气体浓度的增加，人和动物长期处于恶劣空气环境中，身心健康会受到影响。

（二）肉牛粪尿对水体的污染

收集和处理堆放过程中，粪尿中含有的液体成分会渗入到地下或流入水体中。流失的粪尿中含的有机营养物质和重金属等导致水体质量不断下降，发黑发臭的水体不仅会破坏良好的水体景观环境，还会造成水体功能的丧失。当水体中化学需氧量（COD）、氮和磷等指标严重超标时，会使水体中溶解氧含量降低，水质持续恶化会造成严重的水体富营养化，从而导致对有机污染物敏感的水生生物的死亡，破坏河流、湖泊等水体生态系统。同时畜禽粪便中的重金属也会进入到水体中，随着水体中重金属含量的增加，鱼类和贝壳类等水生生物体内会大量富集重金属，最终通过食物链传递进入人体内。畜禽粪便流失不仅会导致资源的浪费，而且会对水体环境造成严重危害，甚至还会危害人类的健康。

（三）肉牛粪尿对土壤的污染

肉牛粪污长时间的堆放，不仅会占据大量的农业用地，堆放过久的农田还会遭到腐蚀和破坏，生产能力降低。不施用的粪污长时间堆放在田间地头，粪污中含有的重金属会直接进入到土壤中，堆放时间越久土壤中重金属累积的越多，最终将导致土壤重金属污染。粪污中氮、磷（N、P）及其他微量元素长期富集，也会危害农作物生长，使农作物的产量减少。肉牛粪污中盐分含量较高，直接施用会使土壤结构发生改变，容易造成土壤盐渍化。没有腐熟的畜禽粪便施入到农田中不仅会使农作物根系受到破坏，而且畜禽粪便中的各种病原菌和有害物质也会随之进入到农田土壤中，不利于农作物的正常生长。

（四）肉牛粪尿对生物的污染

未处理和未腐熟的肉牛粪尿中存在大量的病原微生物和寄生虫卵等，不恰当的肉牛生产管理也会导致病原菌和寄生虫的大量繁殖，严重时会使畜禽感染上传染病，如果动物患有人畜共患病，对人的健康也会造成威胁。目前发现的世界上人畜共患传染病已经高达200多种，其中通过猪传染的疾病大约有25种，通过牛传染的疾病大约有26种[7]，传染病的暴发会直接危害人类的健康。

第二节　肉牛粪污好氧堆肥技术

2020年我国牛、猪和羊的粪便总产生量约为42亿 t，其中猪粪年产生量最多，牛粪年产生量次之，目前，肉牛粪污资源化利用的方法多种多样，有饲料化、肥料化、燃料化等，而好氧堆肥是肥料化最常见的处理工艺，也是肉牛生产中比较健康的配套养殖技术之一。

一、概念

好氧堆肥主要是指在一定条件下堆肥原料中的微生物经高温发酵使有机物矿质化、腐殖化和无害化而变成腐熟肥料的过程，是有机废弃物资源化利用的重要途径。好氧堆肥主要可以分为静态垛式堆肥、翻堆式条垛堆肥、翻抛式槽式堆肥和翻耙式槽式堆肥，一般适用于大型肉牛养殖场和集约化养殖场等产生粪污较多需要集中进行处理的养殖场。堆肥过程一般维持2个月，堆制过程中需要人工管理。优点是操作简单，能集中处理畜禽粪便废弃物，最后的堆肥产物还田或用于生产有机肥，提高环境效益的同时还能提高经济效益。 在腐殖化过程中，有机废弃物中的代谢产物和养分经微生物分解，产生大量的挥发性无机物（Volatile Inorganic Compounds，VICs）和挥发性有机物（Volatile Organic Compounds，VOCs）。挥发性无机物主要包括氨气、硫化氢等。挥发性有机物可能来自原料本身，也可能由于有机物分解不彻底产生，同时也受通风、翻堆和含水率等发酵工艺条件的影响。VOCs 组分复杂，目前已检测出300多种[8]，其中含氮化合物、含硫化合物及短链脂肪酸臭味大、阈值极低，是重要的恶臭污染物，危害人体健康。

二、技术流程

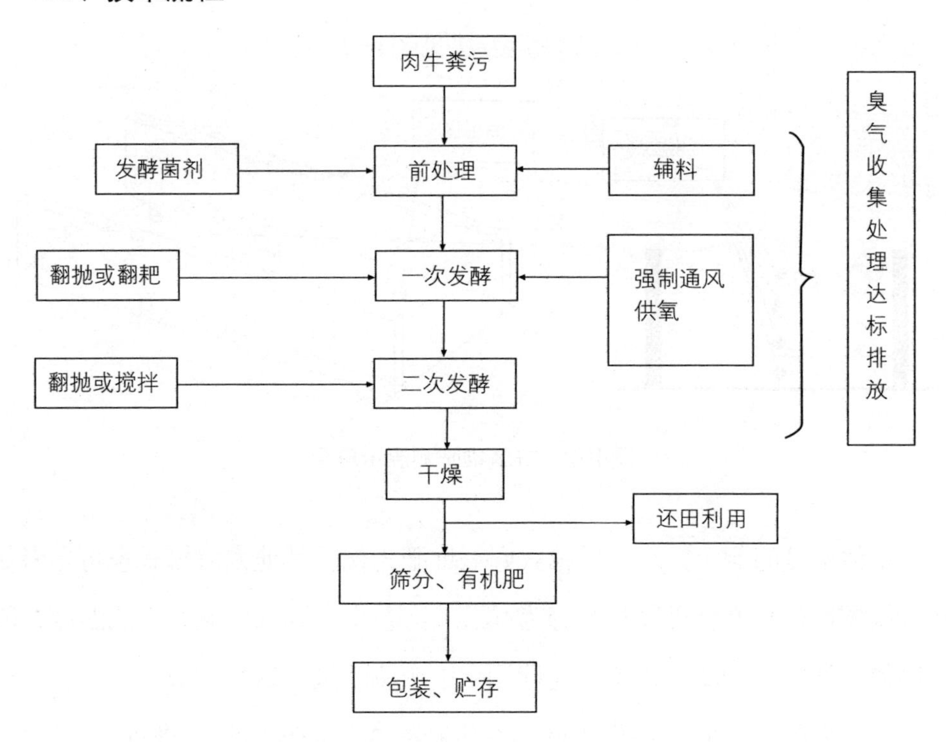

图4-1 肉牛粪污好氧堆肥工艺流程图

前处理：调制合适的碳氮比（C/N）和含水率，辅料以稻草为例。牛粪碳氮比（C/N）为7：1，含水率82%，pH 8.9；稻草秸秆碳氮比（C/N）72 : 1，含水率14%，pH4.5。将肉牛粪尿和辅料按照质量比3：1混合均匀，混合后的物料含水率宜为50%~60%，碳氮比（C/N）为20：1~40：1，粒径不大于5 cm，pH 约7.5。好氧堆肥过程中可添加有发酵菌剂，接种量为堆肥物料质量的1‰~2‰。

一次发酵：堆体通过曝气或翻堆，使堆体温度达到55℃以上，条垛式堆肥维持时间不得少于15 d，槽式堆肥维持时间不少于7 d，反应器堆肥维持时间不少于5 d。堆体温度高于65℃时，应通过翻堆、翻耙、搅拌、曝气降低温度。堆体内部氧气浓度要不小于5%，曝气风量宜为0.05~0.20 m^3/ min（以每立方米物料为基准）。堆体温度测定方法见图4-2。

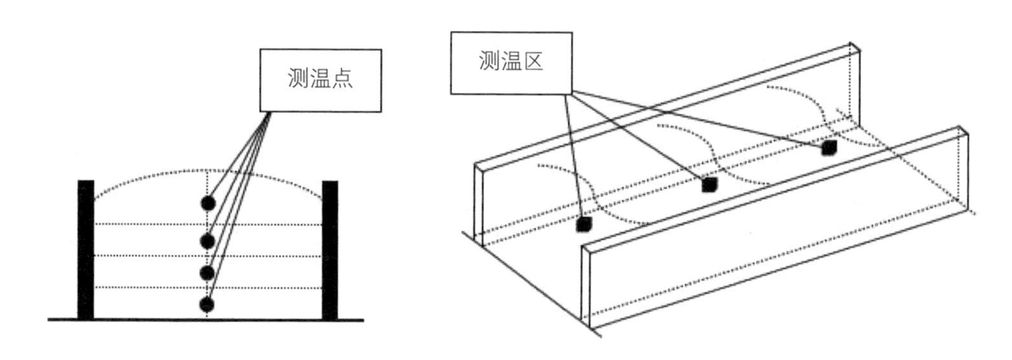

图4-2　好氧堆肥测温示意图

堆体温度的测定方法。以槽式好氧堆肥为例，其他发酵模式也可参考使用。根据堆体高度将堆体均匀分为4层，测定4个不同深度测温点的温度，取最高值。按照这种测定方法，连续测定三个测温区，取平均值。

二次发酵：堆肥产物作为商品有机肥料或栽培基质时应进行二次发酵，堆体温度接近环境温度时终止发酵过程。

臭气控制：堆肥过程中产生的臭气应进行有效收集和处理，经处理后的恶臭气体浓度符合 GB18596的规定。臭气控制的方法有三种，第一种是工艺优化法：通过添加辅料或调理剂，调节碳氮比（C/N）、含水率和堆体孔隙度等，确保堆体处于好氧状态，减少臭气产生。第二种是微生物处理法：通过在发酵前期和发酵过程中添加微生物除臭菌剂，控制和减少臭气产生。第三种是收集处理法：通过在原料预处理区和发酵区设置臭气收集装置，将堆肥过程中产生的臭气进行有效收集并集中处理。

施用要求：制作堆肥以及以畜禽粪便原料制成的商品有机肥、生物有机肥、有机复混肥，其卫生学指标均应符合相关规定。

表 4-3 肉牛粪污好氧堆肥施用的卫生学要求

项目	指标
蛔虫卵死亡率	95%~100%
粪大肠菌值	10^{-1}~10^{-2}
苍蝇	堆肥中及堆肥周围没有活的蛆、蛹或新孵化的成蝇

表 4-4 肉牛粪污好氧堆肥施用重金属含量限值（干粪含量）

单位：mg/kg

项目		土壤 pH		
		<6.5	<6.5~7.5	>7.5
砷	旱田作物	50	50	50
	水稻	50	50	50
	果树	50	50	50
	蔬菜	30	30	30
铜	旱田作物	300	600	600
	水稻	150	300	300
	果树	400	800	800
	蔬菜	85	170	170
锌	旱田作物	2 000	2 700	3 400
	水稻	900	1 200	1 500
	果树	1 200	1 700	2 000
	蔬菜	500	700	900

三、肉牛粪污好氧堆肥中微生物的发酵过程

堆肥发酵过程中发挥作用的微生物主要是细菌和放线菌，还有真菌和原

生动物等。随着堆肥化过程中有机物的逐步降解，堆体温度的升高，堆体基质的理化特性已经改变，堆肥微生物的种群和数量也随之发生变化。细菌是堆肥中数量最多的微生物，因其自身的生物学特性，它们分解了大部分的有机物并产生热量。其他的微生物也同时在不同阶段发挥不同的生物学功能促进堆肥的腐熟。

在好氧堆肥系统中，存在着大量的细菌，细菌凭借比表面积大的优势，可以快速吸收利用可溶性底物，所以在堆肥过程中，细菌在数量占据绝对优势，当堆肥温度升至50℃以上时，嗜热性细菌逐步取代嗜温细菌而占据优势。放线菌是具有菌丝的细菌，但也与真菌具有很大相似性，在堆肥化的过程中放线菌对纤维素、木质素和蛋白质等复杂有机物的分解发挥着重要的作用，它们与真菌相比，能够忍受更高的温度和pH，在不利于生长的恶劣条件下，放线菌就会以孢子的形式存活，因此，尽管放线菌降解纤维素和木质素的能力没有真菌强，但它们却是堆肥高温期分解木质素、纤维素的优势菌群。真菌通过分泌胞外酶分解有机物质，同时，真菌菌丝的机械穿插作用，对物料产生了一定的物理破坏，起到了促进生物化学反应的作用，在堆肥化过程中，真菌对堆肥物料的分解和稳定起着重要的作用，在有机固体废弃物中含有大量的木质纤维素，纤维素分子本身结构致密，不容易降解，难以被大多数微生物直接作为碳源转化利用。绝大部分的真菌是嗜温性微生物，在64℃时，所有的嗜热性真菌几乎全部消失，高温期过后，当温度下降到50℃以下时，嗜温性真菌和嗜热性真菌又都会重新出现在堆肥中。

四、影响肉牛粪污好氧堆肥的因素

肉牛粪污好氧堆肥过程中的物理、化学和生物学变化比较复杂，受到很多因素的影响，主要包括温度、含水率、pH、碳氮比（C/N）、硝态氮、铵态氮、脲酶、硝酸还原酶、亚硝酸还原酶等。这些因素决定了堆肥过程中微生物的活性，从而影响堆肥的时间与质量。

（一）温度

在堆肥过程中，微生物的代谢活动与温度密不可分，温度变化可以反映出堆体内微生物结构和活性的变化。一方面微生物通过对有机物的分解释放出热量，使温度升高；另一方面温度的变化在一定范围内又会对微生物的活性产生影响。根据温度的变化，将堆肥过程分为三个阶段：升温期、高温期和降温腐熟期。在升温期比较活跃的是嗜温菌，其大量生长繁殖不断分解有机物的同时会释放出大量的热量，堆体温度快速上升。当温度达到50~60℃时嗜温菌的活性受到抑制，大量的死亡，此时的温度适合嗜热菌的生长，嗜热菌大量繁殖。高温条件下分解有机质的速度要比中温分解有机质的速度快，并且高温能杀死物料中的病原菌、寄生虫、虫卵、孢子等有害物质，还可杀死畜禽粪便中残留的杂草种子，故高温堆肥是常用的堆肥方式。

在堆肥过程中经历高温有利于杀死堆料中的有害微生物，实现有机肥的无害化生产。但是堆肥是一个生物过程，它与一般的化学过程不同，并不是随着温度的升高作用也会越来越强，微生物的活性需要在一定的温度范围内才能有效地发挥作用，当堆体的温度大于65℃时，已经超过大部分微生物的耐热温度，微生物会以孢子的形式存在甚至直接死亡，这不利于有机物的降解，还严重影响堆肥的进程，因此在堆肥过程中有必要控制温度。一般的堆肥厂控制温度的方式有：强制通风控温法、控制物料颗粒度法、翻堆控温法等。

（二）水分

水分是影响堆肥化进程的一个重要因素，水分的主要作用是溶解堆料中的有机物，同时水分蒸发带走堆肥过程中的一部分热量，为微生物的生长和繁殖创造合适的环境。对于不同的堆肥物料而言，其起始含水率在50%～60%最有利于微生物的生长，有利于堆肥发酵。因而堆肥过程中要注意对水分的检测，任何的堆肥方式下，其水分都应保持在40%以上，当含水率低于10%～15%时就会严重抑制微生物的活性。而含水率过高时，则容易使物料间的空间堵塞，不利于通风形成厌氧环境，导致厌氧发酵严重影响好氧堆肥的进程。另外会使细菌滋生，影响堆肥效果，降低产品的质量。堆肥后期，若堆体的水分保持在一个合适的水平上，将有利于细菌和放线菌的生长，堆肥腐熟期保持适当的湿度不光可以加快腐熟也可以减少灰尘。

（三）pH

堆肥过程中 pH 对矿物质的溶解、氧化还原反应及微生物活动下的有机物分解都会产生影响，并且对酶参与的生化反应速率也会有一定程度的影响。一般来讲，pH 在3~12之间都能进行好氧堆肥，但微生物生长的最优 pH 范围在6.7~9.0之间。肉牛粪污的 pH 在这个范围内，所以 pH 对肉牛粪便堆肥的进程影响不是特别明显，但是 pH 与堆肥过程中氮（N）的转化关系紧密，若 pH 大于7.5，就会有过量氮（N）以 NH_3的形式挥发，这将不利于保证有机肥的肥效。对此我们可以通过使用硫黄作为调节剂，来解决堆肥过程中 pH 过高的问题。也可利用石膏和石灰来调节堆肥过程中的物料的 pH。

（四）碳氮比（C/N）

C/N 反映了堆肥过程中物料的养分平衡状况。微生物的生长需要利用足量的碳，而微生物的繁殖又与物料中的N相关，所为维持堆肥过程中的微生物的活性需要合适的 C/N，一般微生物生长过程中每消耗 1 份的 N 就需要消耗25~35份的 C。如果 C/N 过低，会使微生物生长过于旺盛，从而有机物代谢速率过快使堆肥周期缩短，这将不利于杀灭堆中的虫卵、孢子和杂草种子等。同时，若在高 pH 和高温条件下，堆体中的 N 将以氨气形式大量挥发，不利于有机肥肥力的保证。当 C/N 过高时，说明肥料中 N 的含量比较少，这将不利于微生物的生长，使堆肥周期延长，使生产成本增加。在堆肥过程中，可以通过对物料中畜禽粪便与稻秆的配比来调节堆料的 C/N。

（五）颗粒度

好氧堆肥物料的颗粒度对堆肥进程也会产生影响，颗粒度不光与堆肥过程中的通风、水分和挥发性物质直接相关，还为微生物生长提供表面区域和氧气供应的空隙。堆料颗粒适当增大，会起到支撑结构的作用，能增加空隙利于通风，但是过大则会使其比表面积减小，使微生物与堆料颗粒无法充分接触，并且降解的有机物会在物料颗粒表面形成一层腐殖质的膜更不利于有机质的降解。当料颗粒过小时，则会导致物料的过分挤压，通风不畅，使氧气供应不足，造成堆体局部的厌氧发酵，不利于堆肥化进程。

（六）脲酶

脲酶是一种作用于线性酰胺的 C—N 键（非肽）的水解酶，它是有机氮降解过程中的关键酶，能够催化酰胺化合物转变为氨。所以随着堆肥的进行，脲酶活性的变化会影响有机氮的降解，进而影响铵态氮的含量。脲酶活性可以作为表征堆肥过程中尿素水解转化为氨和 CO_2 的指标，脲酶与堆肥中的氮素代谢密切相关，腺酶的酶促反应产物氨，它是植物氮素营养物质之一。在堆肥的前期，脲酶活性逐渐增强，当堆肥进入高温期，高温导致产脲酶微生物数量减少，脲酶活性开始急剧下降，最终脲酶活性下降比例在85% 以上。

第三节 肉牛床场一体化生产技术

床场一体化技术是一种新型养殖技术模式，是将肉牛卧床和运动场有机融为一体，以现代微生物发酵处理技术为基础的一种具有环保性、安全性与经济性统一的高效生态养殖技术。目前，多数老旧场子建场之初没有很好地考虑后期粪污处理与利用，给床场一体化生产技术投入造成困难。新建肉牛规模养殖场，尤其是大规模养殖场，可以考虑使用这项技术。该技术占地面积小，投入成本低，还可以利用农副产物，大大缓解了地方环保压力。

一、概念

“床场一体化”饲养管理技术（free-stall mattress bedding，FSMB），也叫堆肥垫料系统（compost bedding system，CBS），是将牛舍卧床和运动场统一规划的建筑模式，其核心是综合利用微生物学、生态学、发酵工程学原理，将具有酶活性功能的微生物菌种作为物质能量“转换中枢”，以发酵床为载体，采用厚垫料方式，通过有益微生物发酵使排泄物转化为可利用能源的一种生态养殖技术[9]。

二、技术原理

FSMB是将肉牛舍内的运动场全部作为卧床来设计，肉牛的多数活动都是在卧床上完成，包括采食和休息，但饮水要和卧床分开，防止漏水和排尿造成死床，因为卧床就是发酵床，是微生物活动的载体。其原理就是，使用锯末屑、秸秆粉碎物、菌渣、稻谷壳等作为牛床垫料，选择纤维素酶、蛋白酶和淀粉酶均较高的菌株组成复合菌群，酶活力稳定且生长性能较好的复合菌，将垫料和复合菌的微生物营养液混合均匀，控制含水量在50%~60%，垫料层高度约在45 cm，垫料起到培养基的作用，利用微生物的发酵过程分解牛粪和牛尿。粪、尿发酵过程中，粪、尿中的水分大部分蒸发，未降解的残留有机物部分转化为腐殖质，抗生素大部分降解，达到养殖场污水零排放，粪、尿零排放、无异味，实现肉牛养殖生态化，粪污处理资源化。

为了保证良好的发酵效果，还要注意以下几点。

一是如果菌种以好氧发酵为主，要保证垫料透气性良好，使用旋耕机定期翻抛牛场垫料。

二是运动场要做好防雨处理，防止雨水淋入垫料，导致死床。

三是垫料的厚度约45 cm，在北方垫料厚度不够，冬天容易因温度过低导致停止发酵。

（一）工艺流程

牛床自然腐熟过程中，每月翻耙2~3次，增加氧气浓度，粪尿、菌剂和垫料充分均匀混合，提高发酵效率，4~8个月为一个发酵周期，腐熟发酵不需要温度过高，选用中温发酵菌即可，床体温度为20~30℃，最高不超过38℃。腐熟肥经过充分的高温发酵加工成有机肥。高温发酵后期，约20 d 后，待温度稳定，可有针对性地添加部分特定功能微生物菌种进行二次发酵，制作生物有机肥。

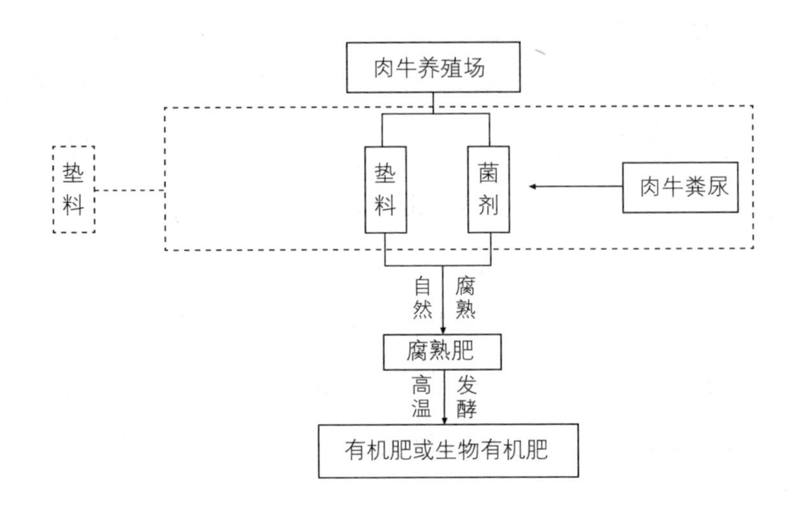

图4-3 “床场一体化”肉牛粪污处理工艺流程

（二）牛舍设计

1. 设计要求

（1）牛舍为轻钢结构　北方天气冬天寒冷，上风向主体封闭，留有透气窗；南方天气暖和，可以全开放养殖。牛舍的长度和宽度因地而异。下风向顶棚设计为活动顶，使雨污分流。舍区四周建挡粪墙。

（2）统一的污道设计　为了防止因水分含量过高造成死床，肉牛水槽设计在污道边，水槽四周的三边加高，只留污道一边不加高，肉牛只能站在污道喝水，排尿多数也会在污道。

（3）床外的料槽设计　料槽设计在卧床外面，采用地面槽饲喂法，简单方便。

（4）经济实用的地面设计　运动场和卧床一体设计，地面保持平整，不需水泥加固，铺平垫料和菌剂，干爽的发酵床不仅提升了牛舍内空气指标，还延长了肉牛的躺卧时间，减少肢蹄发病率，提升了肉牛健康指数，也为高品质牛肉产品提供了保障，可增加养殖经济效益。

2.“床场一体化”半封闭式日光肉牛舍

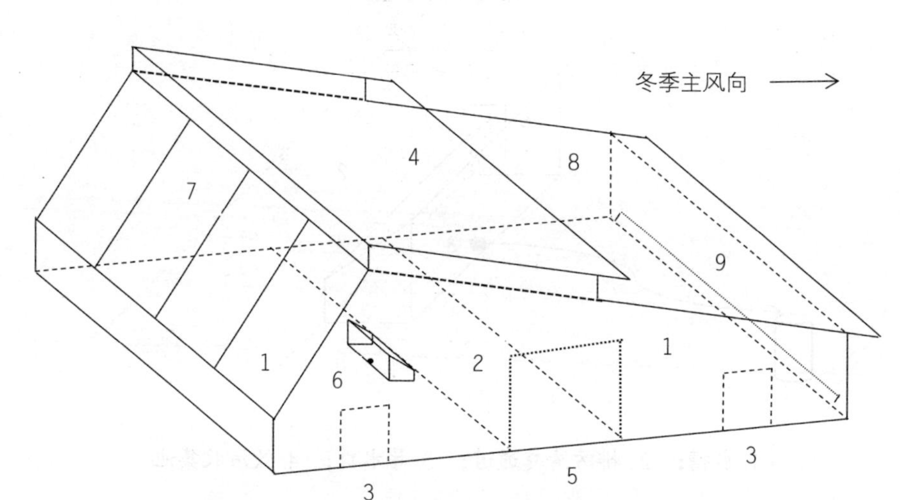

1. 卧床及运动场；2. 排污清粪通道；3. 进出卧床专用门；4. 固定透光顶
5. 污道口；6. 水槽；7. 固定挡风顶；8. 活动透光顶；9. 外置料槽

图4-4 “床场一体化”半封闭式日光肉牛舍立体示意图

“床场一体化”半封闭式日光肉牛舍卧床中间建设清粪通道，在刮粪板的清粪通道边建设水槽，水槽取水口只留一边，肉牛喝水时只能站在清粪通道，如图4-4。清粪通道可以减少卧床粪尿排放量，便于卧床管理，因为肉牛具有饮水后排粪排尿的习惯。清粪通道两侧设计“床场一体化”肉牛运动场和卧床，需要清理腐熟的粪肥或更换床体时，只需把肉牛驱赶到一边卧床即可，也便于机械操作。

水槽底部留有导水口，喝剩下的水或消毒洗槽的水都可以通过导水口导出牛舍，保持水槽的干净。水槽也可设计为活动槽，不用时升起来，喝水时降下来，这样设计又能扩大一点肉牛运动场和卧床面积。

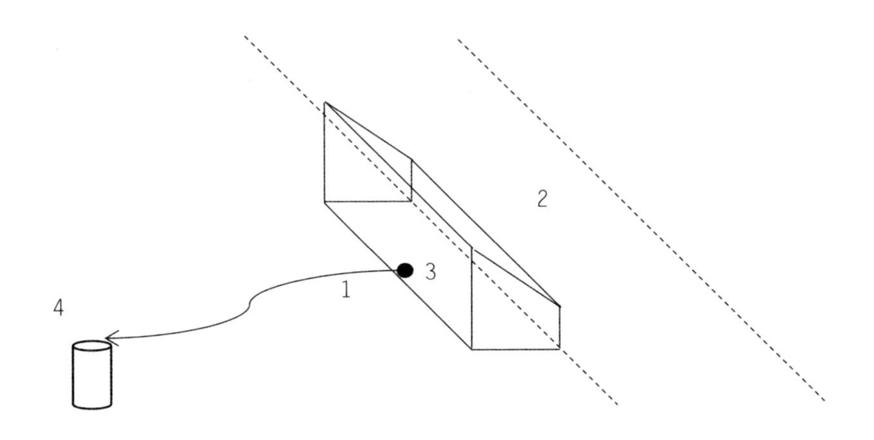

1. 水槽； 2. 排污清粪通道； 3. 导水口； 4. 饮污收集池

图4-5 “床场一体化”半封闭式日光肉牛舍水槽立体示意图

（三）发酵床的制作与维护

1. 垫料选择

垫料筛选要求为：廉价易得，经济实用；黏性不高，不易发霉；吸水透气，没有粉尘。通常选择农作物秸秆、谷壳、锯末、菌渣等副产品作为垫料。垫料粗细要搭配，保持垫料容重及透气性，氧气充足、水汽蒸发、气体交换快，有利于微生物繁殖。另外，垫料要有一定的刚性，不能太软，容易在表面形成阻水层，影响底部垫料吸收水分，影响发酵。

2. 菌种选择

菌种的选择和使用对于床场一体化的牛粪尿发酵至关重要。根据地区和四季气候挑选酶活力稳定、生长性能较好的纤维素酶、蛋白酶和淀粉酶均较高的菌株组成复合菌群，以肉牛日常排泄的粪尿及牛床垫料为基础营养摄取物进行快速繁殖，使肉牛粪尿中的有机物质全面分解和转化，从而降解、消化肉牛粪尿。另外，针对不同环境气候，需要对菌剂进行前期测试，以保证菌剂的发酵效果和长期使用。因此，应选择稳定性好、适应性强的混合发酵菌剂。肉牛粪尿中的水分大部分蒸发，微生物没有降解的残留有机物部分转化为腐殖质，肉牛粪尿中的病原微生物在中温环境中没有失活，腐熟肥还没有达到肥料化利用要求，需要清理出来，选择好氧高温发酵菌剂，进行高温发酵，杀死病原微生物后再做肥料用。

3. 垫床制作

将微生物菌剂、米糠、锯末等配比均匀后，加入混合微生物营养液，混合均匀后控制水分含量为50%，创造一个有利于有益微生物生长繁殖的良好条件，保证有益菌大量繁殖，有效抑制病原菌及虫卵的繁殖。垫料高度需控制在45 cm 左右，不能低于40 cm，按照10 g/m³（或按产品说明书进行）添加复合发酵菌种。

4. 垫床维护

发酵床最重要的是维护管理，主要包括维持发酵床正常的微生态平衡和确保其对粪尿的分解能力保持在较高的水平。①掌握好牛床水分。发酵床适宜含水量为40%~55%，水分过高时应补充干垫料。②维持牛床蓬松。根据牛粪尿与垫料混合程度，用旋耕机进行翻耙，每月1~2次。当发酵床运行缓慢甚至停止时，应全部更新。 ③定期更新垫料。垫料不足总量的10% 后就需要进行填充，发酵床使用1年后，应部分更新，使用2年后应全部更新。

三、技术优缺点

（一）优点

1. 减少粪尿污染

床场一体化通过微生物发酵的原理，对粪污进行无害化处理。经过处理后的牛粪臭味减少或消失，减少了蚊蝇滋生，腐熟肥形态松软，便于高温发酵。雨污分流，实现雨水与粪污分离处理，防止了污水的产生，大大降低了粪污处理成本。

2. 降低养殖成本

“床场一体化”节省了建设排污设施和粪污处理设备的费用，减少了劳动力和薪资支出。提高了肉牛卧床率，延长了卧床时间，降低了肉牛乳房炎、肢蹄病发病率，提高了肉牛产肉性能，也提高了肉产品质量，减少了疫病防治投入。

3. 改善养殖环境

干爽的卧床改善了牛舍温湿环境，提升了牛舍内空气指标，进一步提升了肉牛健康指数。

（二）不足

1. 单次垫料投入过大

新养殖场一次性购买微生物复合菌剂及每平方米一次铺厚约45 cm 卧床垫料，部分养殖场难以接受。老旧养殖场需要基于牛场现有养殖模式进行一定程度的改造和资金的投入，投资更大。除了最初投入的发酵菌剂之外，每隔 3~4 个月需要重新补充投入总量的5% 左右的菌种，保持菌种可以稳定发挥效能。

2. 菌种的选择

目前市场上针对“牛床场一体化”牛粪发酵的商业化菌剂相对较少，养殖企业对发酵菌剂的研制投入力度较低。我国南北气候差异较大，针对不同环境气候，需要对菌剂进行前期的测试，以保证菌剂的发酵效果和长期使用。

四、“床场一体化”发酵与好氧堆肥发酵的比较

好氧堆肥发酵多是经过粪尿分离后的带有少量尿液肉牛粪，而“床场一

体化”技术发酵，是肉牛粪便、尿液一起发酵。“床场一体化”发酵和好氧堆肥发酵基础垫料腐熟都是由多种类型微生物交替出现和共同作用完成的，但两者菌群要求变化却不同。床场一体化技术发酵达到减量化，发酵更彻底，发酵后有机肥肥力更高。

表 4–5 “床场一体化”发酵与好氧堆肥发酵对比

项目	“床场一体化”发酵	好氧堆肥发酵
基础原料	肉牛粪便和尿液	肉牛粪便或肉牛粪便和收集残余尿液
辅料	锯末、谷壳或麦穗、米糠	能够提供碳源的材草都可
产物	获得复合菌群发酵的有机肥原料，经过高温发酵可以获得有机肥	获得有机肥
起始物含水率	基础垫料含水率在 14%，随着肉牛的饲养含水率逐渐上升，含水率达到 30% 时微生物开始发酵	人工掌握含水率约在 55%
肥料化时间	大于 6 个月	30~45 d
起始 pH	在含水率达到 30% 时，需要用酸制剂调节 pH 到 3.5 左右，防止杂菌生长，有利于复合微生物繁殖	pH 大约在 7.5
菌种	复合嗜酸性中温菌种，基础垫料原位发酵，以分解转化粪尿为主，辅料消耗较慢	高温阶段主要依靠耐高温微生物

第五章　肉牛疫病防控技术

第一节　肉牛的保健与疫病防控

一、概念

肉牛健康是指肉牛的生理机能正常，没有疾病和遗传缺陷，能够正常发挥生产能力。肉牛健康是牛只正常生产和提高生产效益的前提。肉牛的健康状况直接影响肉牛的生产性能和母牛的使用年限，尤其是繁殖母牛，近年来，由于饲养方式、日常管理、不规范的人工授精和饲料结构的变化等严重影响牛只健康，繁殖母牛的淘汰年龄普遍年轻化，频繁的淘汰繁殖母牛给养殖户增加了经营成本，造成经济损失。因此，加强日常的饲养管理和维持好肉牛卫生保健工作具有重要现实意义。

肉牛保健工作的原则是“预防为主，防治结合”。预防是维持牛只健康和控制疾病的最好方法。做好肉牛保健可以避免和减少疾病发生，如果牛只出现不适，也可以提前发现，提前查明原因，提前治疗和处理，减低经济损失。因此，在肉牛生产中要制定完善的保健计划，做好保健工作，使牛只处于健康的生产状态。

二、肉牛的保健

（一）日常保健

肉牛日常保健是一项要求比较细致的工作，主要包括刷拭、挠痒和防蚊蝇三个方面。皮肤的护理对肉牛健康是很重要的，因为干净的皮肤可以让肉牛不受蚊蝇滋扰，牛只生活的安心舒适也是提高生产效益方法之一。如果牛体不干净，有粪污结巴在皮肤上，冬天不利于保暖，夏天不利于散热，对肉牛健康极为不利。

刷拭挠痒牛体不仅可刷去粪污、尘土、死皮、死毛，还可以促进血液循环和减少蚊蝇滋扰。牛只每日可刷拭2次，从头部刷到颈部，再到背腰尻腹、四肢、尾帚。尤其是牛尾巴的刷拭要更为细致认真，因为牛尾接触粪尿及地面，很容易弄脏。牛尾对牛只健康有重要作用，可以驱赶蚊蝇；卧在冰冷坚硬的地上时以尾巴充当铺垫；跑动时牛尾翘得很高，以便保持牛体平衡；保护外阴部防止灰尘、雨水落入，保护阴门肛门不受冷冻等。所以，刷拭牛尾是肉牛健康养殖的一个重要环节。

（二）肢蹄保健

肉牛的四肢和牛蹄是牛体不可或缺的一部分，支撑着牛体全部重量，除了卧下反刍以外，牛只的采食、饮水、交配、哺乳、躲避危险等活动都离不开肢蹄。对肉牛肢蹄的保健往往也是容易被人忽略的问题，肉牛肢蹄的保健要注意几个关键点：第一，改善肉牛饲养环境，保持牛舍干燥、清洁，并定期消毒，注意饲料中钙、磷比例的合理搭配，能够沐浴阳光牛舍设计等；第二，选育健康肢蹄肉牛后代，肉牛配种时，选用肢蹄形好、不易发生病变的公牛进行配种，减少腐蹄病和蹄变形的发生；第三，定期修蹄，基础母牛空怀期进行修蹄，对增生的角质要修平，对腐烂坏死的组织要及时清除，病变的要及时治疗，南方在梅雨季要用3%的福尔马林（甲醛）溶液或10%的硫酸铜定期清洗蹄部，防止蹄部感染。

（三）乳房保健

繁殖母牛的乳房清洁与卫生状况直接影响着犊牛的健康状况。要想使犊牛健康，就要及时清理圈舍粪污，清理乳房周围粪污，肉牛运动场要平整，无坚硬砖石、铁器、灰渣。一旦发现母牛有乳房炎，要及时治疗，多多热敷，热敷后人工挤出乳房奶汁。

三、肉牛疫病监测与防控

（一）基本原则

1.“以防为主”原则

在棚圈建设之初、日常饲养管理、春秋防疫等都要考虑防疫工作，要建立严格的防疫制度，尤其是大型肉牛养殖场要常备消毒药物，做好日常消毒工作。

2.“自繁自育”原则

牛只入离场期间是疫病防控重点阶段，尤其是从市场购买牛只补栏时，要特别注意疫病的发生。如果坚持自繁自育，可以大大减轻防疫压力。

3.“定期免疫”原则

认真执行计划免疫，严格落实春秋季免疫和入场免疫，对主要疫病进行疫情监测。

4.“早、快、严、小”原则

如果出现疫情，要做到及早发现，及时处理，采取严格的综合性防控措施，短时间迅速扑灭疫情，尽力缩小疫情面积。

（二）疫病防控措施

牛疫病的监控与防控措施通常分为预防和扑灭两种。预防是经常性的工作，扑灭是烈性传染病的处理办法，以预防为主。牛病种类比较多，按照《中华人民共和国动物防疫法》要求，农业农村部于2008年12月11日发布第1125号公告，修订公布了《一、二、三类动物疫病病种名录》。

表 5–1　一、二、三类动物疫病病种名录

一类动物疫病（17 种）
口蹄疫、猪水泡病、猪瘟、非洲猪瘟、高致病性猪蓝耳病、非洲马瘟、牛瘟、牛传染性胸膜肺炎、牛海绵状脑病、痒病、蓝舌病、小反刍兽疫、绵羊痘和山羊痘、高致病性禽流感、新城疫、鲤春病毒血症、白斑综合征
二类动物疫病（77 种）
多种动物共患病（9 种）：狂犬病、布鲁氏菌病、炭疽、伪狂犬病、魏氏梭菌病、副结核病、弓形虫病、棘球蚴病、钩端螺旋体病
牛病（8 种）：牛结核病、牛传染性鼻气管炎、牛恶性卡他热、牛白血病、牛出血性败血病、牛梨形虫病（牛焦虫病）、牛锥虫病、日本血吸虫病
绵羊和山羊病（2 种）：山羊关节炎脑炎、梅迪 – 维斯纳病
猪病（12 种）：猪繁殖与呼吸综合征（经典猪蓝耳病）、猪乙型脑炎、猪细小病毒病、猪丹毒、猪肺疫、猪链球菌病、猪传染性萎缩性鼻炎、猪支原体肺炎、旋毛虫病、猪囊尾蚴病、猪圆环病毒病、副猪嗜血杆菌病
马病（5 种）：马传染性贫血、马流行性淋巴管炎、马鼻疽、马巴贝斯虫病、伊氏锥虫病
禽病（18 种）：鸡传染性喉气管炎、鸡传染性支气管炎、传染性法氏囊病、马立克氏病、产蛋下降综合征、禽白血病、禽痘、鸭瘟、鸭病毒性肝炎、鸭浆膜炎、小鹅瘟、禽霍乱、鸡白痢、禽伤寒、鸡败血支原体感染、鸡球虫病、低致病性禽流感、禽网状内皮组织增殖症

续表

二类动物疫病（77 种）
兔病（4 种）：兔病毒性出血病、兔黏液瘤病、野兔热、兔球虫病
蜜蜂病（2 种）：美洲幼虫腐臭病、欧洲幼虫腐臭病
鱼类病（11 种）：草鱼出血病、传染性脾肾坏死病、锦鲤疱疹病毒病、刺激隐核虫病、淡水鱼细菌性败血症、病毒性神经坏死病、流行性造血器官坏死病、斑点叉尾鮰病毒病、传染性造血器官坏死病、病毒性出血性败血症、流行性溃疡综合征
甲壳类病（6 种）：桃拉综合征、黄头病、罗氏沼虾白尾病、对虾杆状病毒病、传染性皮下和造血器官坏死病、传染性肌肉坏死病
三类动物疫病（63 种）
多种动物共患病（8 种）：大肠杆菌病、李氏杆菌病、类鼻疽、放线菌病、肝片吸虫病、丝虫病、附红细胞体病、Q 热
牛病（5 种）：牛流行热、牛病毒性腹泻 / 黏膜病、牛生殖器弯曲杆菌病、毛滴虫病、牛皮蝇蛆病
绵羊和山羊病（6 种）：肺腺瘤病、传染性脓疱、羊肠毒血症、干酪性淋巴结炎、绵羊疥癣、绵羊地方性流产
马病（5 种）：马流行性感冒、马腺疫、马鼻腔肺炎、溃疡性淋巴管炎、马媾疫
猪病（4 种）：猪传染性胃肠炎、猪流行性感冒、猪副伤寒、猪密螺旋体痢疾
禽病（4 种）：鸡病毒性关节炎、禽传染性脑脊髓炎、传染性鼻炎、禽结核病
蚕、蜂病（7 种）：蚕型多角体病、蚕白僵病、蜂螨病、瓦螨病、亮热厉螨病、蜜蜂孢子虫病、白垩病
犬猫等动物病（7 种）：水貂阿留申病、水貂病毒性肠炎、犬瘟热、犬细小病毒病、犬传染性肝炎、猫泛白细胞减少症、利什曼病
鱼类病（7 种）：鮰类肠败血症、迟缓爱德华氏菌病、小瓜虫病、黏孢子虫病、三代虫病、指环虫病、链球菌病
甲壳类病（2 种）：河蟹颤抖病、斑节对虾杆状病毒病

续表

三类动物疫病（63 种）
贝类病（6 种）：鲍脓疱病、鲍立克次体病、鲍病毒性死亡病、包纳米虫病、折光马尔太虫病、奥尔森派琴虫病
两栖与爬行类病（2 种）：鳖腮腺炎病、蛙脑膜炎败血金黄杆菌病

1. 疫病监测

疫病监测就是利用血清学、病原学等方法，对动物疫病的病原或感染抗体进行监测，便于掌握区域内动物群体疫病情况，及早发现疫情，及早处理。按照国家有关规定和当地农业农村部门的具体要求，对结核病、口蹄疫和布鲁氏菌病等传染性疾病进行定期检疫。

（1）牛结核病　牛结核病是由牛分枝杆菌引起的一种人畜共患的慢性传染病。结核病监测及判定方法按原农业部部颁标准执行，用提纯结核菌素皮内注射和点眼试验变态反应（变态反应也叫超敏反应，是指机体对某些抗原初次应答后，再次接受相同抗原刺激时，发生的一种以机体生理功能紊乱或组织细胞损伤为主的特异性免疫应答）方法。检疫出现可疑反应的，应隔离复检，连续2次为可疑以及阳性反应的肉牛，应及时扑杀并做无害化处理，患结核病的牛只应及时淘汰处理，不提倡治疗。对结核病检疫有阳性反应牛群，牛只应停止出栏，应在30~45 d 复检1次，直至连续2次不出现阳性反应为止，可认为是健康牛群。

（2）布鲁氏菌病　布鲁氏菌病（也称布氏杆菌病，简称布病）是由布鲁氏菌属细菌引起的牛、羊、猪、鹿、犬等哺乳动物和人类共患的一种传染病。世界动物卫生组织（OIE）将其列为必须报告的动物疫病，我国将其列为二类动物疫病。布病的监测及判定方法按原农业部部颁标准执行，采用试管凝集试验、琥红平板凝集试验、补体结合反应等方法。特别是种牛和受体牛每年必检1次，凡未注射布病疫苗的牛，在凝集试验中连续2次出现可疑反应或阳性反应时，应按照国家有关规定进行扑杀及无害化处理。如果牛群经过多次检疫并将患病牛淘汰后仍有阳性动物不断出现，则可应用疫苗进行预防注射。

（3）口蹄疫　口蹄疫是由口蹄疫病毒感染引起偶蹄动物的一种急性、烈性，接触性传染病。口蹄疫可造成巨大经济损失和社会影响，世界动物卫生组织（OIE）将口蹄疫列为必须报告的动物传染病，我国规定口蹄疫为一类动物疫病。口蹄疫病毒在分类上属小 RNA 病毒科，口蹄疫病毒属，有7个血清型，即 O、A、Asia 1、C、SAT1、SAT2和 SAT3型，各血清型间无交叉免疫保护反应，免疫防控时相当于面临7种不同的疫病，血清型鉴定是免疫防控首先要解决的问题。适于口蹄疫诊断的样品是未破裂或刚破裂的水泡皮和水泡液，在不能获得水泡皮和水泡液的情况下，可采集血液和（或）用食道探杯采集反刍动物食道－咽部分泌物样品，这些样品中也存在病毒。未有组织样品的情况下，检测特异性抗体也用于诊断。全年进行2次集中监测，上半年和下半年各安排1次，日常监测由各地根据实际情况安排，发现可疑病例，随时采样，及时检测。病原学监测结果阳性的，样品要及时送国家口蹄疫参考实验室做进一步确认，对病原学监测阳性的家畜及同群畜要进行扑杀并做无害化处理。

2. 免疫接种与监测

免疫接种是给动物接种疫苗、类毒素及免疫血清等免疫制剂，使动物个体和群体产生对传染病特异性免疫力。根据免疫接种时机，免疫接种可分为预防接种和紧急接种。

（1）预防接种 预防接种是平时为了预防某些传染病的发生和流行，有组织、有计划地按免疫程序给健康牛群进行的免疫接种。预防接种前应对本区域内近几年肉牛曾发生过的传染病流行情况进行调查了解，有计划有针对性地开展预防接种计划。接种时要做到“市不漏县，县不漏乡，乡不漏村，村不漏户，户不漏牛，牛不漏针”。

（2）紧急接种 紧急接种是指发生传染病时，为了迅速控制疫情和扑灭疫病流行，对疫区及周边未发病的牛只进行紧急免疫接种。紧急接种时要注意的是只能接种未发病牛只，这些未发病的牛只中难免存在处于潜伏期的牛只，接种疫苗后不仅得不到保护，反而促进其发病，这是一种正常的、不可避免的现象。紧急传染病潜伏期较短，接种疫苗后能很快控制住疫情，多数牛只能够得到很好的保护。

（3）免疫监测 免疫监测就是利用血清学方法，对某些疫苗免疫动物免疫接种前后的抗体跟踪监测，以确定接种时间和免疫效果。在免疫前，监测有无相应抗体及其水平，以便掌握合理的免疫时机，避免重复和失误，在免疫后，监测是为了了解免疫效果，如不理想可查找原因，进行重免；有时还可及时发现疫情，可以尽快采取措施。

表 5-2 免疫程序

疫苗种类	免疫途径	年龄	注意事项
牛副伤寒灭活疫苗	皮下或肌肉注射	1月龄	出生后1周内首次免疫，免疫期半年
气肿疽灭活疫苗	皮下或肌肉注射	1月龄	出生后第2周免疫，免疫期1年
牛传染性鼻气管炎疫苗	肌肉注射	1月龄	出生后第3周免疫，第5个月再免疫一次
牛病毒性腹泻疫苗	肌肉注射	1月龄	出生后第4周免疫，半岁时再免疫一次

续表

疫苗种类	免疫途径	年龄	注意事项
牛出血性败血病灭活疫苗	皮下或肌肉注射	2月龄	出生后第5周免疫，免疫期9个月
Ⅱ号炭疽芽孢疫苗	皮下或肌肉注射	2月龄	出生后第5周免疫，免疫期1年
口蹄疫灭活疫苗	皮下或肌肉注射	3月龄	出生后第9周首次免疫，间隔1个月后加强免疫1剂，注射计量按成年牛量减半。以后每4个月免疫1一次，注射计量按成年牛用量
牛支原体肺炎灭活疫苗	皮下或肌肉注射	4月龄	免疫期1年
梭菌多联灭活疫苗	皮下或肌肉注射	6月龄	免疫期半年
牛出血性败血病灭活疫苗	皮下或肌肉注射	10月龄	免疫期9个月
Ⅱ号炭疽芽孢疫苗	皮下或肌肉注射	1岁	免疫期1年

3. 寄生虫病预防

肉牛在饲养过程中，非常容易受到环境、季节、饲养及管理方式等各方面因素所影响，导致寄生虫病的发生。牛寄生虫病的种类比较多，最常见的寄生虫病有焦虫病、球虫病、片形吸虫病、线虫病、棘球蚴虫病等，分布也比较广。对于寄生虫病的防治是个非常复杂的问题，牛寄生虫病的防治应根据地理环境、自然条件的不同，实施综合防控方案及策略，以预防及管理为主、防治为辅，当检查出病牛要及时隔离饲养并用药物治疗，以防引起疫病的流行，其他牛可用药物进行预防注射，这样可以有效地防控寄生虫病的发生和流行，确保养牛业健康发展。

4. 消毒

消毒的目的是消灭病原体，切断传播途径，阻止疫病被传染源散布于外界环境中。消毒包括定期消毒、临时消毒和终末消毒。定期消毒是有计划的预防性消毒；临时消毒是传染病发生时进行的消毒；终末消毒是发病地区消灭了某种疾病，在解除封锁前，为了彻底消灭传染病的病原体而进行的最后一次综合消毒。消毒的方法主要有以下几种。

（1）机械消毒法　机械性清除病毒的方法包括清扫、洗刷、通风和过滤等几种，是生产中使用最为普遍、最为常见的消毒法。这种方法使用的目的不是彻底消灭病毒，而是创造一个不利于病原菌生长、繁殖的条件。如果遇到传染病，这种方法是其他高效消毒的基础。

（2）物理消毒法　物理消毒法包括沐浴阳光、紫外线照射、高温、干燥等方法。沐浴阳光主要依靠波长为2×10^{-7}~3×10^{-7} m范围的光线，也就是紫外线，紫外线具有显著的杀菌作用，常用于空气消毒。

①紫外线消毒主要是适当波长的紫外线通过对微生物（细菌、病毒、芽孢等病原体）的辐射损伤和破坏DNA（脱氧核糖核酸）或RNA（核糖核酸）的分子结构造成微生物死亡，从而达到消毒的目的，其消毒效果取决于细菌和病毒的耐受性，紫外线的密度和照射时间。

②干燥消毒主要依靠环境水分的控制来灭菌，这种消毒方法往往不彻底，如果遇到葡萄球菌、结核杆菌等顽固性病菌，即便是经过干燥处理，也不容易杀死。

高温消毒对微生物致死作用比较强，在消毒工作中运用比较广泛，主要包括焚烧、煮沸、蒸汽和干烤。

③焚烧消毒是一种比较可靠的消毒方法，尤其对于一些烈性传染源，容易达到消毒目的，牛尸体的焚烧需要先挖好掩埋土坑，焚烧结束后将所剩骨灰等要填埋并对周边进行消毒。

④煮沸消毒是在100℃的开水中杀菌，一般5~10 min就能达到消毒作用，在高原地区水的沸点比较低，一般约在85℃水就沸腾了，为了达到消毒效果，可以延长煮沸时间，煮沸30 min，煮沸消毒对象主要包括金属器械、玻璃器

皿、棉制品工作服等。

⑤蒸汽消毒就是利用蒸汽的湿热进行消毒，蒸汽传递快、穿透力强、温度比开水高，是一种比较理想的消毒方法，常用的高压灭菌锅，在121℃的高温条件下加热30 min 就可以彻底杀死细菌、芽孢和病毒，这种消毒方法可用于金属器械、玻璃器皿、培养基、工作服等消毒。

⑥干烤消毒是在160~170℃烤箱内利用干热空气消灭病原微生物，干烤时间一般在1~3 h，杀菌时间比蒸汽长，也不利于对棉织物、皮革等进行消毒，容易损坏，适用范围没有蒸汽消毒广泛。

（3）化学消毒法　化学消毒法就是利用化学药物杀灭病原微生物的消毒方法，利用化学药物渗透到菌体内，破坏细菌细胞膜结构，改变其通透性，使细菌裂解溶解死亡，或使菌体蛋白凝固，酶蛋白失去活性，而导致微生物代谢障碍，从而杀灭病原微生物。

在实际养殖中较为常见的化学消毒方法包括清洗法、喷洒法、熏蒸法、浸泡法、擦拭法以及撒布法。较为常见的消毒药品主要为漂白粉及氟化钠等卤素类，烧碱及生石灰等强碱类，高锰酸钾及双氧水（过氧化氢）等氧化剂类，酒精等醇类，甲酚及苯酚等酚类，甲醛及戊二醛等醛类，新洁尔灭及消毒净等表面活性剂类，癸甲溴铵等双链季胺酸盐类。需要结合实际养殖动物种类、防控对象以及栏舍结构等选择最为适宜的消毒剂。

（4）生物消毒法　生物消毒法是利用粪便、尿液和生产秸秆等废弃物，通过微生物发酵产生热量进行消毒灭菌的方法，适用于牛场粪便、生产垃圾、杂草等废弃物消毒处理，发酵产生的热量可将病毒、细菌、寄生虫卵、草籽等病原微生物杀灭。经生物发酵后，生产废弃物可直接转化为可利用有机肥等生产原料，较减少环境污染。但是对于炭疽、气肿疽等芽孢病原体引起的疫病肉牛或牛群所产生的粪污应该焚烧后深埋。

（5）综合消毒法 在畜禽养殖场发生疫情或者清栏中常采用综合消毒方法，具体是将上述几种消毒方法中的两种或者两种以上综合起来进行消毒，进而强化消毒效果。实际上在兽医卫生各个领域中的消毒实施中，都有综合消毒法的使用，可以增强消毒效果。

第二节 肉牛的驱虫健胃

肉牛驱虫健胃可以调节机体内分泌和整合肠胃功能，起到防疫与保健的双效作用。驱虫健胃能够提高肉牛饲料转化、利用率，尤其对育肥牛极为重要，能够起到快速增重的目的。因为驱虫健胃可以促进排毒利尿，有效预防瘤胃积食、胃肠炎性疾病、寄生虫性疾病及其继发症等。驱虫健胃也是肉牛健康养殖的重要技术之一。

一、驱虫的方法

（一）基本原则

1. 经济性原则

肉牛驱虫要选择高效，低毒，经济与使用方便的药物。大规模驱虫时，定要进行驱虫试验，对驱虫药物的用法用量、驱虫效果、毒副作用作出鉴定并确定实效、安全后再应用。

2. 时效性原则

驱虫前，应将肉牛隔离饲养，最好禁食数小时，只给饮水，有利于药物吸收，提高药效。驱虫时间最好安排在下午或晚上，使牛在第二天白天排出虫体和虫卵等，便于及时收集处理，驱虫后2周内的粪污要及时进行无害化处理。

3. 季节性原则

驱虫季节主要有春秋两季驱虫，实践证明，秋季驱虫在治疗和预防肉牛寄生虫病上发挥了重要作用。也有研究深冬驱虫，在深冬一次大剂量的用药将肉牛体内的成虫和幼虫全部驱除，从而降低肉牛的荷虫量，把虫体消灭在成熟产卵前，防止虫卵和幼虫对外界环境的污染，阻断宿主病程的发展，有利于保护肉牛健康。

4. 安全性原则

新补栏的育牛由于环境变化，运输、惊吓等原因，不能马上驱虫健胃，易产生应激反应，可在其饮水中加入少量食盐和红糖，连饮1周，并多投喂青草或青干草过渡。2周后，注意观察牛只的采食、排泄及精神状况，待其群体整体状况稳定后再进行驱虫健胃。

（二）体表驱虫

主要是杀灭虱、螨、蜱、蝇蛆等，常用方法有喷剂和药浴。

（1）喷剂　用浓度为0.3%的过氧乙酸逐头喷洒牛体，能够杀灭细菌繁殖体、芽孢、霉菌和病毒等多种病原微生物，再用0.25%浓度的螨净乳剂对牛体全面擦拭，使药液浸渍体肤；也可以用2%~5%敌百虫溶液涂擦牛体。首次用药1周后需要再重复用药1次效果比较理想。

（2）药浴　在温暖季节可以使用，将杀虫药物按使用说明配成所需浓度的溶液置于药浴池内，将牛只除头部以外的各部位浸于药液中0.5 h或1 h，即达到杀灭体外寄生虫的目的。这种方法能使牛体表各部位与药液充分接触，杀虫效果理想可靠。

（三）体内驱虫

体内驱虫可以每季度进行1次。体内驱虫常用的驱虫药物有阿维菌素、伊维菌素、丙硫咪唑、盐酸左旋咪唑。

使用方法：空腹时口服，0.1%伊维菌素、阿维菌素按0.2 mg/kg（体重），丙硫咪唑按10 mg/kg（体重）；盐酸左旋咪唑按7.5~15 mg/kg（体重）。也可以伊维菌素针剂肌肉注射与丙硫咪唑口服联合使用，药效更佳。

（四）体内外同时驱虫

牛群体内外同时驱虫，可以用吩苯达唑。

使用方法：每吨饲料按照0.5 kg拌料，要求混合均匀，按正常投料方法饲喂。

二、健胃的方法

健胃工作一般选择在驱虫后进行，肉牛健胃方法多种多样，一般在驱虫3 d后，为增加肉牛食欲，改善消化机能，应用健胃剂调整胃肠道机能，常用健胃散、人工盐、胃蛋白酶、龙胆酊等，一般健胃后的肉牛精神好、食欲旺盛。

驱虫后每头小肉牛用苏打片10 g，早晨拌入饲料中喂服洗胃，2 d后，每头小肉牛再喂大黄苏打片5 g健胃。育肥牛可以用牛健胃散健胃，按5%添加到精料中，连用5 d，对体况特别瘦弱的牛可在灌服健胃散后，再灌服酵母粉，每天1次，每次250 g或喂酵母片50~100片。

人工盐的用法是，按60~150 g口服，每天1次，连用3~5 d。另外，如果肉牛粪便干燥，每头牛可以喂复合维生素制剂20~30 g和少量植物油。如果是耕牛，清明节前后常常可以见到农户用植物油罐耕牛，给耕牛健胃，这种农耕文化由来已久。

驱虫健胃是肉牛健康养殖的关键环节，只有掌握好运用好，每个养殖户都能以最少的饲料消耗获得更高效的肉牛育肥日增重，生产出优质高档牛肉，从而获得更高的经济效益。

第三节　肉牛常见疾病的防治

肉牛生产不仅受品种、环境、营养、管理、市场等因素制约，而且受到牛体健康状况，特别是疫病的严重制约。肉牛生疾病是牛体在致病因素的作用下，发生了机体损伤或出现了与抗损伤斗争的过程，牛体会表现出一系列功能代谢异常和形态的变化，这些变化使机体内环境、机体与外界环境之间的相对平衡出现紊乱，牛体出现病态症状与体征，造成牛的生产能力下降及经济效益受损。

牛病主要包括牛传染性疾病、牛寄生虫病和牛普通病。危害养牛业比较严重的主要是传染性疾病。

一、肉牛疾病防治基本知识

（一）肉牛健康状况的观察方法

肉牛健康状况的观察是肉牛饲养管理者的必备技能之一，常用的观察方法有以下几种。

1. 观吃

吃就是采食，吃相反映着食欲。健康的肉牛食欲旺盛，采食速度也快，采食后1 h左右便开始反刍。患有疾病的肉牛往往会表现出食欲不佳，不愿意采食或是采食速度慢，食量下降。是不是病态现象，可以结合临床诊断得出结论。

2. 观拉

拉就是排便排尿。健康的肉牛新鲜粪便具有鲜粪味，稠稀刚好，落地呈烧饼状；新鲜尿液呈透明淡黄色。如果粪便呈颗粒状或者腹泻，粪便具有酸臭味，并伴有血丝或浓汁；尿液也出现变色，呈深黄色多红褐色，这是病态现象。

3. 观神态

神态就是肉牛的整体精神状态。健康的肉牛毛色光亮，眼睛灵活有神，喜欢走动，并动作敏捷，尾巴不时地摇摆。如果发现牛只皮毛粗糙，两眼无神，拱背呆立，颤颤巍巍，这就是发病的表现。

4. 观鼻镜

健康肉牛鼻镜颜色红润，一年四季挂满汗珠。生病的牛只鼻镜干燥，没有汗珠或少量汗珠。

5. 测体温

牛只测体温常用的方法是用温度计直肠测体温，正常牛只体温范围是37.5~39.5℃，如果温度计测出来的体温不是这个范围的数据，可以判定被测牛只生病。

（二）肉牛疾病的识别方法

病牛的识别只能靠兽医或饲养人员观察和抚摸，常用的识别方法如下。

表 5-3　牛病的识别方法

识别部位	健康肉牛	病肉牛
毛色	光亮油润、被毛明显、富有弹性	粗糙凌乱、无光泽
眼睛	炯炯有神、反应灵敏	目光无神、反应迟钝
耳朵	扇动灵活、耳根温暖	低头垂耳、耳根冰凉或过热
反刍	正常反刍，采食后约 1 h 开始，日反刍 6~8 次，次均反刍 40 min，次均咀嚼 55 次。	反刍不正常，反刍次数少、时间短、咀嚼无力，甚至不反刍。
鼻镜	常挂汗珠、汗珠分布均匀	鼻镜干燥、常伴有裂纹
角根	角尖冰凉、角根温暖	角根冰凉或过热
舌头	伸缩有力、颜色红润	舌头不灵活，颜色发黄或发白等
走姿	步伐稳健、尾巴灵活、动作矫健	不愿行走、尾巴不动、跌行或卧地不起
排便排尿	排便排尿规律，鲜粪稀软适宜；尿液无异味、颜色透亮	排便排尿不规律，鲜粪过稀或过稠，有时带有血、浓，且具有酸臭味；尿液量少，带有异味，或者不排尿

二、牛传染病

（一）牛口蹄疫

口蹄疫是人畜共患急性、热性、高度接触性传染病。

1. 病原

牛口蹄疫病毒属小 RNA 病毒科口疮病毒属，根据血清学反应的抗原关系，病毒可分为 O、A、C、亚洲 Ⅰ 及南非 Ⅰ 、南非 Ⅱ 、南非 Ⅲ 7个不同的血清型，65个亚型，我国主要是 A、O 和亚洲 Ⅰ 型。口蹄疫病毒对酸、碱特别敏感。在 pH 为3时，瞬间丧失感染力。

2. 流行病学

自然界易感多种动物，偶蹄目最多。比如肉牛、奶牛、牦牛、猪、羊、水牛、骆驼等。通常幼龄动物比老龄动物易发病。患病及带毒动物是传染源，易感染动物能长期带毒和排毒，主要经过直接接触或间接接触传染，包括通过呼吸道和消化道感染，也可以通过损伤的皮肤和黏膜感染。

3. 症状

口蹄疫潜伏期在1周内，一般3 d，有时潜伏期长达21 d。肉牛体温升到40~41℃，很快在唇内、口腔、鼻、舌、乳房、蹄子出现水泡，黄豆大，后融合至核桃大，水泡破裂后形成红色烂斑，之后糜烂逐渐愈合，体温下降至正常，有时会出现溃疡。良性口蹄疫，病程7~14 d，发病期肉牛采食量下降或不吃，死亡率1%~3%，恶性口蹄疫，因心肌炎或者出血性胃肠炎而死亡，死亡率高达25%~50%，以犊牛多见，可以导致孕牛流产。口蹄疫感染面广，流行快，难控制，虽多呈良性，但影响生产性能，耗费人力物力，影响对外贸易。

4. 诊断

（1）初步诊断　根据典型症状和流行特点可初步诊断，但确诊需进行实验室检查。

（2）病原学诊断　采集病牛患病部位黏膜细胞的水疱液，加入0.01 mol/L的磷酸盐缓冲溶液制备成混悬液，用微孔滤膜过滤，清除细菌和杂质，超速离心取得病毒样本，在电镜下对病毒颗粒进行鉴别诊断，确定牛口蹄疫病毒。

（3）血清学诊断　用现有口蹄疫病毒抗原来检测体液中相关抗体及抗体效价。备好充足的病料，将疑似牛口蹄疫病料分离，检测样本内是否含有对应的抗体效价，以此来判断样本是否含有牛口蹄疫病毒。

5. 防治

预防用口蹄疫疫苗按免疫程序进行免疫接种。治疗前期可以用紧急免疫，但不能仅靠疫苗，口蹄疫主要引发心肌炎猝死，必须要清热解毒和营养心肌，用新亚口蹄特灵血清来抗病毒，提高机体免疫力和抗菌消炎。严格执行消毒措施和制度。由于口蹄疫在国际上被列为一类传染病，一旦有此病的发生，要采取综合性防控措施。如果有该病发生时，应及时向上级主管部门报告，立即对疫区采取封锁、隔离、消毒、扑杀等综合性防控措施。

（二）牛布鲁氏菌病

牛布鲁氏菌病是由布鲁氏杆菌引起的人畜共患传染病，也叫布氏杆菌病。其特征是生殖器官、胸膜、关节、胎膜、睾丸发炎，引起流产、不育和各组织的局部病灶。

1. 病原

布鲁氏菌属牛、羊、猪、鼠、犬、绵羊6种，20个生物型，在中国流行的主要是牛、羊、猪3种布鲁氏菌。布鲁氏菌对热比较敏感，70℃时10 min可以将其杀死，一般消毒液都能很快将其杀死。致病力最强的是马耳他布氏杆菌（羊型），其次是猪布氏杆菌（猪型），最弱的是流产布氏杆菌（牛型）。

2. 流行病学

自然病例主要见于牛、山羊、绵羊和猪。母畜较公畜易感，成年牛较犊牛易感。病牛是本病的主要传染源，该菌存在于流产胎儿、胎衣、羊水、流产母牛的阴道分泌物及公牛的精液内，家畜得本病后，早期往往导致流产或死胎，其阴道分泌物特别具有传染性，其皮毛、各脏器、胎盘、羊水、胎畜、乳汁、尿液也常染菌。多经接触流产时的排出物及乳汁或交配而传播。

3. 症状

此病潜伏期14 d到半年。牛感染上布氏杆菌病后，多数病例为隐性传染，症状表现不明显。公牛发生睾丸炎，并失去配种能力。母牛患病后，病菌首先侵害淋巴结，后通过淋巴液和血液扩散到子宫、乳房和关节中，引起子宫炎、乳房炎和关节炎等，妊娠母牛多在妊娠7~8个月时流产。流产前母牛精神沉郁，食欲减退，起卧不安，阴唇肿大、乳房膨胀、生殖道黏膜容易长出粟粒大小的红色结节、阴道排出灰白色或灰色的黏性分泌液，随后产出死胎，或产出生活力很弱的胎儿，很快死亡；胎衣往往滞留不下，常伴发子宫内膜炎。流产后阴道内继续排褐色恶臭液体，致使母牛不易再受孕。母牛除流产外，其他症状常不明显。有的病牛发生关节炎、滑液囊炎、淋巴结炎或脓肿。

4. 诊断

显著症状是妊娠母牛发生流产，流产后可能发生胎衣滞留和子宫内膜炎从阴道流出污秽不洁、恶臭的分泌物。新发病的畜群流产较多，老疫区畜群发生流产的较少，但发生子宫内膜炎、乳房炎、关节炎、局部脓肿、胎衣滞留、久配不孕的较多。公牛往往发生睾丸炎、附睾炎或关节炎。根据临床症状和剖解病变不易诊断，必须通过实验室诊断才能确诊。布鲁氏菌的实验方法比较多，可参照国家标准“动物布鲁氏菌病诊断技术”进行诊断。

5. 防治

因本病在临床上难以治愈，不允许治疗，所以发现病牛后应采取严格的扑杀措施，彻底销毁病牛尸体及其污染物。一般采取常年预防免疫注射、检疫、隔离、扑杀淘汰阳性畜的综合性防治措施，主要是保护健康牛群、消灭疫场的布鲁氏菌病和培育健康犊牛。如果出现布氏杆菌病疫情暴发，疫点内牛群必须全部进行检疫，阳性病牛亦要全部扑杀，不进行免疫。引种检疫时，引入后隔离观察1个月，确认健康后方能合群。

（三）牛结核病

牛结核病是由牛型结核分枝杆菌引起的一种人畜共患的慢性传染病。特征是多种组织器官形成结核性肉芽肿，继而结节中心干酪样坏死或钙化。

1. 病原

结核分枝杆菌主要分3个型：牛分枝杆菌（牛型）、禽分枝杆菌（禽型）

和结核分枝杆菌（人型）。患结核病牛结核杆菌在牛体中分布于各个器官的病灶内，病牛能由粪便、乳汁、尿液及气管分泌物排出病菌，污染周围环境而散布病菌。主要经呼吸道和消化道传染，也可经胎盘传播或交配感染。结核分枝杆菌比较耐旱耐冷，但是不耐热，60℃时30 min 即可杀死。

2. 流行病学

结核病牛是主要传染源，牛对牛型菌易感，其中奶牛最易感，水牛易感性也很高，黄牛和牦牛次之。一般说来，舍饲的牛发生本病较多。健康牛可通过被污染的空气、饲料、饮水等经过消化道、呼吸道等途径感染。

3. 症状

牛结核病潜伏期一般为半个月到1个月，有时达数月以上。临床以肺结核、乳房结核、肠结核最为常见。主要表现为进行性消瘦、咳嗽、呼吸困难，体温一般正常。在牛体中本菌多侵害肺、乳房、肠和淋巴结等。

（1）肺结核病牛呈进行性消瘦，以干咳为特点，逐渐变为湿性咳嗽。听诊肺区有啰音，胸膜结核时可听到摩擦音。病情严重者，可见呼吸困难，发生全身性结核，即粟粒性结核。

（2）乳房结核病牛一般先是乳房上淋巴结肿大，乳房淋巴结硬肿硬结无热无痛。病牛泌乳量降低，乳汁变稀，乳量渐少或停乳，有时混有脓块，严重时乳腺萎缩，泌乳停止，但无热痛。

（3）肠结核病牛多见于犊牛，以消瘦和持续性下痢，或便秘下痢交替出现或顽固性下痢为特征。

4. 诊断

根据流行病学、症状和病变诊断。在牛群中有发生进行性咳嗽、消瘦、慢性乳房炎、肺部听诊异常、顽固性腹泻、体表淋巴结慢性肿胀等症状的牛，可作为初步诊断的依据。确诊需作组织涂片、抗酸染色，镜检见红染色杆菌；畜群可用结核菌素作变态反应。

5. 防治

对病牛也可以用链霉素、异烟肼、卡那霉素、对氨基水杨酸钠进行治疗，病情初期有所改善，但不能根治，而且治疗周期长费用大，不建议治疗。应定期对牛群进行检疫，阳性牛按《中华人民共和国动物防疫法》及有关规定进行扑杀，并进行无害化处理，并对牧场及牛舍进行临时消毒，防止扩散。

（四）牛病毒性腹泻

牛病毒性腹泻也叫牛黏膜病，是由牛病毒性腹泻病毒引起的疾病，其特征为黏膜发炎、糜烂、坏死和腹泻。

1. 病原

牛病毒性腹泻病毒，又名牛黏膜病病毒，属披膜病毒科，瘟疫病毒属，是一种单股 RNA 有囊膜的病毒。病毒对外界环境抵抗力较弱，病毒对乙醚和氯仿等有机溶剂敏感，容易杀死，但是在低温、冰冻状态下冻干（−70℃）条件下可存活数年。

2. 流行病学

患病牛是本病的主要传染源，带毒的牛是否为传染源还有待进一步研究，幼龄牛易感性比成年牛高。病牛的分泌物和排泄物中含有病毒，康复牛可带毒6个月。病毒传播方式为直接接触或间接接触，主要通过消化道和呼吸道而感染，也可通过胎盘传染。本病多发生于冬末和春初。

3. 症状

一般潜伏期7~10 d。

急性感染者，突然出现体温升高，体温升高到40~42℃，牛精神沉郁，呼气恶臭，口腔黏膜充血糜烂，流涎增多。继而出现腹泻，呈恶臭，并含有黏液或血液。如不及时治疗，5~7 d 死亡。

慢性感染者，一般无发热，表现持续间歇性腹泻，病程长达数月。肉牛表现为消瘦，生长发育受阻，有时出现跛行，妊娠母牛常会引起流产。

4. 诊断

根据病毒流行特点、临床症状和剖检病变，特别是腹泻、消化道的糜烂和溃疡等特征初步诊断。确诊需要进行病毒分离鉴定或血清学检验。

5. 防治

目前无有效疗法和免疫方法。用抗生素和磺胺类药物可减少继发性细菌感染。用补液疗法和收敛剂可以缩短恢复期，减少经济损失。

（五）牛流行热

牛流行热是由牛流行热病毒引起的急性、热性、高度接触性传染病。主要症状为高热、流泪、有泡沫样流涎、呼吸急迫、后躯活动不灵活。大部分病牛经3 d即恢复正常，故又称三日热。

1. 病原

牛流行热病毒属弹状病毒科，水疱病毒属。病原存在于病牛的血液和呼吸道的分泌物中。病毒对外界环境的抵抗力不强，不耐酸，不耐碱，不耐高温，用乙醚、氯仿和去氧胆酸盐就可以杀死病毒。但耐低温，−80℃极其稳定 。

2. 流行病学

本病主要侵犯牛，肉牛、奶牛、水牛均可感染发病，不同品种、性别、年龄的牛均可传染发病。病牛是主要传染源，牛流行热病毒主要存在于病牛的血液和呼吸道分泌物，蚊虫叮咬可迅速传播本病，短期内让牛群发病。

3. 症状

潜伏期一般在3~7 d，病初恶寒、寒战。肉牛体温突然高热达40℃以上，维持3 d，高热的同时病牛流泪，眼睑和结膜充血、水肿，呼吸促迫，鼻镜干而热，反刍停止，喜卧，不愿行动，病重的病例甚至卧地不起，四肢关节可有轻度肿胀与疼痛，以致发生跛行，母牛产乳量大幅下降。大部分牛能够自愈，死亡率低，康复牛只可获得免疫力。

4. 诊断

根据病毒是大群发生，传播快速，有明显的季节性，发病率高，死亡率低，结合病牛临床上表现的流行特点，可作出初步诊断。

5. 防治

目前无特效疗法。可采取强心补液和解热镇痛治疗。在本病毒流行的季节做好灭虫消毒工作，可有效防止病毒暴发。

（六）牛海绵状脑病

牛海绵状脑病俗称“疯牛病”，是牛的一种神经性、渐进性、致死性疾病。

1. 病原

病原至今仍未确定，人们认为病原为一种无核酸的蛋白性侵染颗粒（简称朊病毒和朊粒），病牛常常形成海绵状脑病为主要特性。常用的消毒剂和紫外光消毒无效，136℃高温下30 min 才能杀死该病原。

2. 流行病学

牛海绵状脑病主要通过被污染的饲料经消化道传染，不是直接或间接接触性传染病。母牛发病率较高。

3. 症状

病程一般两周到半年，病牛临床症状大多数表现出中枢神经系统的症状，如行为异常，运动异常，感觉异常，惊恐不安，对外界的声音和触摸敏感，体重减轻、脑灰质海绵状水肿和神经元空泡为特征。

4. 诊断

根据特征的临床症状和流行病学特征可以作出初步诊断，确诊需依靠临床症状和病死牛脑组织检查。脑干神经原及神经纤维网空泡化具有诊断性意义。

5. 防治

本病目前无特效疗法。禁止在肉牛饲料中添加反刍动物源性蛋白。

（七）牛气肿疽

牛气肿疽俗称“黑腿病”，是由气肿疽梭菌引起的一种急性、发热性、败血性传染病。

1. 病原

本病病原是气肿疽梭菌，有周身鞭毛能运动，严格厌氧，能形成芽孢，无荚膜。芽孢抵抗能力比较强，在腌肌肉能存活2年，在腐败肌肉能存活半年。自然条件下主要侵害对象为黄牛。

2. 流行病学

病牛是主要传染源，传播途径是土壤，以芽孢的形式长期存在于土壤中，牛采食或饮用被芽孢污染土壤中的饲草或水即可感染。

3. 症状

潜伏期一般为3~5 d，最长可到9 d，常突然发病，体温升到41~42℃，食欲废绝，反刍停止，轻度跛行。相继在臀部、股部、肩部、胸部等肌肉丰满部位发生水肿，并迅速向四周扩散。初期热而痛，后变冷且无知觉。皮肤干硬，呈紫黑色。叩诊有鼓音，触诊有捻发音，切开后流出暗红色带泡沫的酸臭液体。牛只呼吸困难，脉搏快而弱，全身症状恶化，如不及时治疗，常在1~2 d 死亡。

4. 诊断

根据流行病学资料、临床症状和病例变化，可作出初步诊断。进一步确诊需采取肿胀部位的肌肉做细菌分离培养和动物实验。

5. 防治

在发病区，每年做好春秋两季气肿疽菌苗预防注射，病死牛无害化处理。

早期可用抗气肿疽血清静脉注射，同时用青霉素和普鲁卡因于肿胀部位周围分点注射。

（八）牛炭疽

牛炭疽是炭疽杆菌引起的各种动物的一种急性、热性、败血性传染病。

1. 病原

牛炭疽病原是炭疽杆菌，有荚膜，无鞭毛，不可运动。存在炭疽病死牛的尸体，各个脏器、血液、淋巴系统、分泌物及排泄物等处均有炭疽杆菌存在，以脾脏的含菌量为最多，血液的含菌量次之，在尸体内不会形成芽孢，对外界理化因素的抵抗力较弱，一般消毒药物短时间都能杀灭。但在空气中形成芽孢后，抵抗力特别强，在污染的土壤、皮张、毛及掩埋炭疽尸体的土壤中能存活数年至数十年，100℃煮沸2 h 才能全部杀死。

2. 流行病学

病牛是主要的传染源。本病的主要传染源是病牛。病死牛体内及其排泄物中常有大量菌体，当尸体处理不当时，形成大量有强大抵抗力的芽孢污染土壤、水源、牧地，则可成为长久的疫源地。肉牛采食或饮用被炭疽杆菌污染的草料、井水、河水，以及在污染牧地放牧会受到感染。带有炭疽杆菌的吸血昆虫叮咬及创伤也能感染。吸入混有炭疽芽孢的灰尘，黏膜侵入血液也能发病。

3. 症状

一般潜伏期为1周内，最长可达20 d。

（1）最急性：多见于流行初期，牛只突然发病，呼吸增速，心跳加快，全身战栗，口吐白沫，惊厥而死，死后尸体僵硬不全，病程数分钟或数小时。

（2）急性：最常见的一种类型。病初体温高达40~41℃，食欲废绝，有时精神兴奋，行走摇摆；有时精神高度沉郁。天然孔出血，尤其是粪便常常有血性黏液。后期体温下降，痉挛而死，病程为1~2 d。

（3）亚急性：症状与急性相似，但病程较长，在颈、胸前、肩胛、腹下或外阴部常见水肿，颈部水肿伴有咽炎和喉头水肿，致使呼吸困难加重。病程可达7 d。

4. 诊断

牛炭疽尸体一般不解剖。如果症状和病变可疑炭疽时，应慎重剖检。取耳末梢静脉血一滴做涂片，用亚甲蓝和瑞氏染色镜检，若见多量单个、成对或4个有菌体相连的短链排列、有荚膜的两端粗大杆菌，可初步诊断。

5. 防治

急性和最急性病例因病程急不可能治疗。易感牛群每年接种炭疽芽孢苗。大剂量的青霉素、四环素和抗炭疽血清，对早期病例和种牛治疗是有效的。确认发生牛炭疽疫情后，立即上报有关部门，封锁现场，扑杀病牛，无害化处理尸体，彻底消毒疫区。

（九）牛巴氏杆菌病

牛巴氏杆菌病是一种由多杀性巴氏杆菌引起的急性、热性、败血性传染病，多见于犊牛。急性主要以高热、肺炎或急性胃肠炎和内脏广泛出血和出血性炎症为主要特征，故称牛出血性败血病。

1. 病原

病原是多杀性巴氏杆菌。该菌抵抗力弱，阳光直射下数分钟死亡，高温立即死亡，一般消毒液均能杀死。

2. 流行病学

本菌是条件病原菌，健康动物呼吸道内就存在该病原菌，当饲料突变、天气突变、营养不良等使牛体抵抗力下降时，该病菌乘虚而入，经淋巴进入血液，引起内源性传染。病牛和蚊虫都是传染源。

3. 症状

本病潜伏期为2~5 d，病初体温升高，可达41℃以上，肉牛精神沉郁，反应迟钝，鼻镜干燥，食欲和反刍减退，肌肉震颤。有的病牛便秘后腹泻，粪便常带有血或黏液，且具有恶臭。有的病牛呼吸困难，痛苦干咳，有泡沫状鼻涕，眼结膜潮红，后呈脓性。有的病牛颌下和喉部水肿，有急性结膜炎。常常因为呼吸困难或下痢虚脱而死。

4. 诊断

根据流行特点、高热、鼻流黏脓分泌物、肺炎等典型症状，可对牛作出诊断。常见多发性出血，咽喉部水肿，肺两侧前下部有纤维性肺炎和胸膜炎。但确诊必须进行细菌学检查。

5. 防治

平常加强饲养管理，避免各种应激，增强抵抗力，定期接种。发病后对病牛立即隔离治疗，可选用敏感抗生素对病牛注射，未发病牛紧急注射牛出败疫苗。

（十）犊牛大肠杆菌病

犊牛大肠杆菌病又称犊牛白痢，它是由一定血清型的大肠杆菌引起的一种急性传染病。

1. 病原

犊牛大肠杆菌病病因比较复杂，可由多种血清型的病原性大肠杆菌所引起，如大肠杆菌和轮状病毒、冠状病毒等。

2. 流行病学

本病多发于幼牛，出生后10 d内的小犊牛最容易感染发病，子宫内感染和脐带感染比较少见，病原性大肠杆菌在小犊牛肠道内和各器官内大量繁殖，随粪尿排出后，会引起其他小犊牛感染。

3. 症状

本病以腹泻为特征，主要表现为肠毒血型、败血型和肠炎型。

（1）肠毒血型　也叫中毒型，比较少见，主要是大肠杆菌在小犊牛小肠内大量繁殖产生毒素所致。急性死亡率比较高，病程只要数小时。

（2）败血型　也叫脓毒性，出生后3 d内的小犊牛容易感染，大肠杆菌进入血液，引起急性败血症，犊牛精神沉郁，食欲废绝，心搏加快，黏膜出血，体温上升，腹泻，大便由浅黄色粥样变淡灰色水样，犊牛四肢无力，小犊牛高度衰弱，卧地不起，一般发病后第2天死亡。

（3）肠炎型　也叫肠型，多发于出生后10 d的小犊牛，腹泻，开始是白色，后变黄带血和气泡，严重时出现脱水，如不及时治疗会因虚脱或继发肺炎死亡。

4. 诊断

根据症状、流行病学和细菌学检查综合分析初诊，确诊需分离鉴定细菌。

5. 防治

母牛产犊前，产房内要彻底消毒，小犊牛哺乳前，母牛乳房和腹部要用0.1%高锰酸钾擦拭，也可以给小母牛喂乳酸菌素片，提前预防。对发病的小犊牛主要采取抗菌、补液、调节胃肠功能、调整胃肠道微生态平衡。抗菌可用土霉素、新霉素或链霉素。补液可口服补液盐，用葡萄糖盐水或生理盐水。调节胃肠道可等病情转好时，停止使用抗菌药后，内服乳杆菌制剂等。

（十一）牛沙门氏菌病

牛沙门氏菌病又称牛副伤寒，牛副伤寒是由沙门氏菌属细菌引起的一种传染病。主要侵害新生幼犊。

1. 病原

病原是肠炎沙门氏菌、鼠伤寒沙门氏菌和都柏林沙门氏菌。该类细菌不产生芽孢，无荚膜，有鞭毛，能运动。本病菌抵抗力不强，一般常用消毒剂和消毒方法均能达到消毒目的，60℃ 1 h、70℃ 20 min、75℃ 5 min 就能杀灭。

2. 流行病学

本病的主要侵害对象是20~40 d 犊牛，传染源是病牛和带菌的牛。犊牛发病后呈流行性，成年牛呈散发性。通过消化道和呼吸道传染，也可以通过人工授精或病牛与健康牛交配传染。

3. 症状

本病潜伏期7~14 d。以病牛败血症、毒血症或胃肠炎、腹泻、孕畜流产为特征。

（1）犊牛副伤寒　犊牛感染后一般14 d 内发病，体温升高达41℃，脉搏、呼吸加快，排出恶臭稀粪，含有血丝或黏液，停止采食、卧地不动、迅速衰竭等症状，有时表现咳嗽和呼吸困难。一般发病后1周内死亡，病死率65%。部分牛可恢复，病程长时可见关节肿大或耳朵、尾部、蹄部发生贫血性坏死，病程数周至3个月。

（2）成年牛副伤寒　多发病与1~3岁的牛，病牛以高热、昏迷、食欲废绝、脉搏增数、呼吸困难开始，体力迅速下降，粪便稀薄带血丝，不久即下痢，粪便恶臭，带有黏液式黏膜絮片为主要特征。妊娠牛会发生流产。病程1~5 d，病死率35%。

4. 诊断

根据流性特点、典型症状和病理变化可作出初步诊断。但确诊需进行实验室诊断。需采样脾、肝、肾、肺、肠系膜淋巴，进行沙门氏菌分离培养鉴定。

5. 防治

可通过加强饲养管理或免疫接种进行预防，病死牛要无害化处理，并对圈棚进行彻底消毒。发病后，用庆大霉素、新霉素、氨苄西林、卡那霉素、土霉素抗菌药物都有疗效。

（十二）牛放线菌病

放线菌病又称大颌病，是可以感染多种动物和人的一种多菌性非接触性慢性传染病。

1. 病原

本病病原为牛放线菌及林氏放线菌，此外，还有化脓杆菌和金黄色葡萄球菌。牛放射线菌主要侵害骨骼等组织；林氏放线菌常侵害软组织，是牛放射线菌病主要病原体，化脓杆菌和金黄色葡萄球菌常参与牛病乳房放线菌。本菌抵抗力比较强，日光照射对本菌无作用，可用80℃加热5 min以上可将其杀死。

2. 流行病学

本病主要侵害牛，以2~5岁的牛最为常见，特别是牛换牙的时候或口腔及皮肤受损而感染。病原主要存在于污染的土壤、饲料和饮水中，健康的牛口腔及上呼吸道内也有本菌存在。一般呈散发。

3. 症状

本病的特征为头、颈、颌下和舌的放线菌肿。初期疼痛，后无痛觉。病牛呼吸、吞咽和咀嚼均感困难。舌和咽部组织变硬时，称为“木舌病”。病牛流涎，咀嚼困难。母牛乳房患病时，呈弥散性肿大或形成局部灶性硬结，乳汁黏稠，混有脓液。

4. 诊断

放线菌病病变特征和临床症状明显，不易与其他疾病混淆，容易确诊。

5. 防治

饲养管理过程中要注意不要让牛只的采食过硬的饲料，防止口腔创伤。防止皮肤损伤。病牛的治疗方法，骨放线菌病引起骨骼的改变，不能自然吸收，也不能切除，往往治疗后转归不良；软组织放线菌病经过治疗比较容易治愈，可外科手术切除，开放性治疗不要缝合，放线菌对碘酊比较敏感，碘酊可用于治疗。此外，链霉素和碘化钾同时使用效果比较明显。

三、牛寄生虫病

（一）牛绦虫病

1. 病原

牛绦虫病是由寄生在牛小肠的莫尼茨绦虫、曲子宫绦虫及无卵黄腺绦虫引起的。其中莫尼茨绦虫危害最为严重，可引起病牛死亡。成熟体节（内含大量虫卵）及虫卵随粪便排到外界，被中间宿主地螨吞食，在其体内发育成具有感染力的似囊尾蚴，牛吞食似囊尾蚴的地螨致病。

2. 症状

本病主要侵害1~8月龄抵抗力差的犊牛，主要表现为病牛精神不振，腹泻，食欲减退，粪便中混有成熟的绦虫节片，病牛出现贫血，迅速消瘦，严重者出现痉挛或回旋运动，最后死亡。

3. 诊断

本病的症状不典型，只能作为参考。用饱和食盐水漂浮法可发现虫卵，虫卵近似四角形或三角形，无色，半透明，卵内有梨形器，梨形器内有六钩蚴。用1% 硫酸铜溶液进行诊断驱虫，如发现排出虫体，即可确诊。

4. 防治

（1）预防性驱虫和病牛粪污无害化处理，消灭病原。

（2）根据地螨怕光怕干旱的特点，翻耕土地消灭中间宿主。

（3）感染病牛可采用灭绦灵（氯硝柳胺）、硫酸二氯酚和丙硫苯咪进行治疗。

（二）牛肝片吸虫病

1. 病原

肝片吸虫病是由肝片形吸虫或大片形吸虫引起的一种寄生虫病，主要发生于反刍动物，中间宿主是椎实螺。

2. 症状

本病的主要特征是病牛发生急性或慢性肝炎和胆管炎。急性型多发于犊牛，犊牛体温升高，精神沉郁，食欲减退，黄疸，迅速贫血和出现神经症状等，病程1周内死亡。慢性型最为常见，主要发病牛为成年牛，牛只精神沉郁，食欲减退，逐渐消瘦，贫血，腹泻，肠炎，妊娠母牛往往发生流产，终因恶病质死亡。

3. 诊断

根据临床症状、流行特点、剖检病变及粪便虫卵检查综合判定。

4. 防治

（1）预防性驱虫和病牛粪污无害化处理，消灭病原。

（2）消灭中间宿主椎实螺，填平低洼水坑，放牧时防止牛只在低洼地、沼泽地饮水和食草。

（3）感染病牛可采用硫双二氯酚（硫氯酚、别丁）、硝氯酚、碘醚柳胺和三氯苯咪唑（肝蛭净）进行治疗。

（三）血吸虫病

1. 病原

牛血吸虫病主要是由日本分体科分体吸虫所引起的一种人畜共患血液吸虫病。中间宿主是钉螺。

2. 症状

（1）急性　病牛间歇性发热，体温可升高到40℃以上，可因严重的贫血致全身衰竭而死。

（2）慢性　若饲养管理条件差，病牛仅见消化不良，发育迟缓，腹泻及便血，逐渐消瘦。若饲养管理条件好，则症状不明显，病牛成为带虫者。

3. 诊断

根据临床表现和流行病学资料作出初步诊断，本病主要症状为贫血、营养不良和发育障碍。确诊需做病原学检查，病原学检查常用沉淀法和虫卵毛蚴孵化法。

4. 防治

（1）病牛粪便是感染本病的病原，病牛粪污要无害化处理，消灭病原。

（2）消灭中间宿主钉螺，牛饮用水必须选择无螺水源。

（3）感染病牛可服用吡喹酮治疗，按每千克体重30 mg口服。

（四）牛囊尾蚴病

1. 病原

牛囊尾蚴病是由带吻绦虫（无钩绦虫）的幼虫阶段——牛囊尾蚴寄生在牛体各部的肌肉组织内所引起的，是重要的人畜共患寄生虫病。

2. 症状

本病一般没有明显的临床症状，严重时呈现一时性高热、腹泻、食欲不振、呼吸急促、心跳加快。

3. 诊断

牛囊尾蚴病在牛的生前无法根据临床症状诊断，主要是宰杀尸检发现肌肉内囊尾蚴诊断。

4. 防治

（1）搞好人体驱虫，积极治疗绦虫患者。

（2）建立健全卫生检验制度和法规，要求做到检验认真，严格处理，不让牛吃到被病人粪便污染的饲料和饮水，不让人吃到病牛肉。

（3）对人和牛的粪便都应进行无害化处理。

（五）牛焦虫病

1. 病原

牛焦虫病可分为牛巴贝斯焦虫病和牛环形泰勒梨形焦虫病两种，是以蜱为媒介的虫媒传染病。牛双芽巴贝斯焦虫寄生在红细胞内，环形泰勒梨形虫寄生在红细胞内和网状系统细胞内。

2. 症状

本病的共同症状是高热、贫血和黄疸。临床症状为病牛体表淋巴结肿大或出现红色素尿。

3. 诊断

根据临床症状特征和病理变化可作出初步诊断，通过实验室检查可确诊。

4. 防治

（1）灭蜱是防牛焦虫病的关键，可注射伊维菌素。

（2）灭焦敏是治疗焦虫病的高效药物，主要成分是磷酸氯喹和磷酸伯氨喹。

（3）三氮脒（血虫净）也是治疗焦虫病的好药物。

（六）牛胃肠线虫病

1. 病原

牛胃肠线虫病是指寄生在反刍动物消化道中的多种线虫所引起的寄生虫病，往往以不同种类和数量同时或单独寄生在牛真胃、小肠和大肠中。病原种类比较多，有捻转血毛线虫、仰口线虫、食道口线虫和夏伯特线虫等。

2. 症状

症状主要表现为持续腹泻，牛体消瘦，贫血，下颌水肿，严重病牛如不及时进行治疗，会导致死亡。

3. 诊断

根据临床症状特征和病理变化可作出初步诊断。确诊要进行实验室检查。

（1）用饱和盐水漂浮法检查粪便中的虫卵。

（2）根据粪便培养出的侵袭性幼虫的形态。

（3）剖检尸体胃肠内发现虫体。

4. 防治

（1）改善饲养管理条件，搭配合理营养，提高肉牛抗虫能力。

（2）用来治疗牛消化道线虫的药物很多，可根据实际情况选用，如选用伊维菌素或敌百虫均可。

（七）牛球虫病

1. 病原

牛球虫病是由艾美耳属的几种球虫寄生于牛肠道引起的肠道寄生虫病。牛球虫病有10多余种，牛球虫病多发生于犊牛。

2. 症状

本病潜伏期一般14~21 d，以急性肠炎、血痢等为主要特征。2岁以内犊牛发病较多，死亡也多，老牛多是带虫者。犊牛发病多为急性，约7 d后，病牛精神沉郁，食欲减退或废绝，粪便稀薄，混于黏液、血液体温可升至40℃以上，症状加剧，末期病牛粪便几乎全是血液，黑色、恶臭，犊牛极度衰弱而死亡。挺过牛可转为带虫者。

3. 诊断

须从流行病学、临床症状和病理变化等方面作综合分析初诊，血便和恶臭在临床诊断中具有重要意义。确诊要采取可疑病牛的粪便，以饱和盐水浮集法检查，或用直肠黏膜刮取物涂片镜检，若发现大量球虫卵囊，即可确诊。

4. 防治

（1）加强饲养管理，犊牛和成年牛分群饲养。病牛粪污要无害化处理。

（2）预防应采取隔离—治疗—消毒的综合性措施。

（3）感染病牛可用氨丙啉、呋喃唑酮、盐霉素治疗。

（八）牛螨虫病

1. 病原

牛螨虫病是由疥螨科和痒螨科的螨类寄生于牛的体表或表皮所引起的慢性寄生性皮肤病。疥螨和痒螨的全部发育过程都在牛体上进行，以吸食角质层组织和渗出的淋巴液为食。主要通过接触病牛或被螨虫污染的圈舍和用具而感染发病。犊牛易感。本病多发于秋、冬季节。

2. 症状

牛的疥螨和痒螨大多数呈混合感染，但以痒螨病流行较为严重。发病初期病牛剧痒，使劲磨蹭患处，使患处落屑、脱毛。严重时可波及全身，病牛食欲减退，生长停滞，渐进性消瘦，甚至因消瘦和恶病质而导致死亡。

3. 诊断

根据本病的临床症状、流行特点等即可诊断。

4. 防治

（1）在牛螨虫病流行的地方每年给牛只药浴1~2次，可取得预防和治疗的双重效果。

（2）平常饲养要保持圈舍卫生、干燥和通风良好，定期对圈舍及用具清扫消毒。

（3）病牛治疗方法比较多，可擦拭、注射或药浴。常用药物有来苏尔、敌百虫擦拭，伊维菌素皮下注射，螨净药浴。药浴时，药液可选用0.025%~0.030%林丹乳油水溶液，0.5%~1.0%敌百虫水溶液，0.05%蝇毒磷乳剂水溶液或双甲醚溶液或辛硫磷油水溶液等。

四、牛普通病

（一）牛口炎

1. 病因

牛口炎就是牛口腔黏膜炎症。通常由于饲料过硬创伤、机械损伤或药物刺激造成。

2. 症状

牛患口咽喉后，采食速度减慢、采食量下降、严重时不能采食，唾液多，呈丝状，带有泡沫从口角中流出。口腔内温度高，黏膜潮红肿胀，气味恶臭，有的口黏膜上有水疱、溃疡，肉牛拒绝口腔检查。

3. 防治

（1）注意饲料为生，防止牛只误食尖锐、刺激和过硬饲料。

（2）病牛要查找病因，饲喂易咀嚼饲料，保证饮水清洁。

（3）病牛用0.1%高锰酸钾、1%食盐水、2%硼酸、1%来苏尔、1%明矾等溶液中的一种冲洗口腔。每日2~3次。再涂碘甘油或龙胆紫溶液，每日1~2次。

（二）牛前胃迟缓

1. 病因

前胃弛缓是前胃机能紊乱而表现为兴奋性降低和收缩力减弱的一类疾病，舍饲牛居多。是由于长时间饲喂单一劣质难以消化饲料，或长时间饲喂细小缺乏刺激性的饲料，均可造成前胃弛缓。此外，胃肠道疾病、营养代谢病和部分传染病也可引起前胃弛缓。

2. 症状

本病牛精神沉郁，食欲下降，有时废绝，反刍减少甚至停止。瘤胃及瓣胃蠕动音弱，排便次数少。粪便干，后期稀软或交替发生。

3. 防治

加强饲养管理，调配饲料，防止饲料及饲喂方式突然改变，发病牛可禁食1~2 d，然后少量饲喂柔软易消化的饲料有助于恢复。

（三）牛瘤胃积食

1. 病因

瘤胃积食是由于采食大量难消化、易膨胀的饲料所致。牛采食过多不易消化的粗纤维饲料，如干麦秸、干稻草、干豆秸及其他粗干草等，或采食大量精饲料，如豆类、谷类等。此外，采食大量低劣变质饲料均可导致本病的发生。

2. 症状

病牛食欲、反刍、嗳气减少或废绝，鼻镜干燥，呼吸困难，体温正常，病牛腹痛不安，腹围显著增大，左腹中下部尤其明显。触诊瘤胃充满而坚实，叩诊呈浊音。瘤胃内 pH 明显下降。最后出现步态不稳，站立困难，昏迷倒地等症状。

3. 防治

（1）预防的关键是防止过食。

（2）治疗原则是及时清除瘤胃内容物、恢复瘤胃蠕动，解除酸中毒，补充体液。

（四）牛创伤性网胃炎

1. 病因

创伤性网胃炎是牛采食较粗糙或混入金属、玻璃等异物进入网胃，由于网胃的体积小，强力收缩时容易刺伤、穿透网胃壁，从而发生网胃腹膜炎。

2. 症状

病牛前期症状是前胃弛缓，食欲减退，反刍受到抑制而弛缓，不断嗳气，常常呈现间歇性瘤胃膨胀。由于网胃疼痛，病牛有时突然骚扰不安。病情逐渐增剧，久治不愈。病牛常常采取前高后低的站立姿势，拱背。行走时，忌下坡、跨沟或急转弯，当卧地、起立时，因感疼痛，极为谨慎。病牛立多卧少，一旦卧地后不愿起立，或持久站立不愿卧下。

3. 防治

（1）加强饲养管理，日常铡草时在铡草机底部或侧部投放强磁铁。

（2）病牛瘤胃切开术和网胃切开术是治疗本病的一种确实的方法。

附录

兽药管理条例

（2004年4月9日中华人民共和国国务院令第404号公布，根据2014年7月29日《国务院关于修改部分行政法规的决定》第一次修订、根据2016年2月6日《国务院关于修改部分行政法规的决定》第二次修订、根据2020年3月27日《国务院关于修改和废止部分行政法规的决定》第三次修订）

第一章　总　则

第一条　为了加强兽药管理，保证兽药质量，防治动物疾病，促进养殖业的发展，维护人体健康，制定本条例。

第二条　在中华人民共和国境内从事兽药的研制、生产、经营、进出口、使用和监督管理，应当遵守本条例。

第三条　国务院兽医行政管理部门负责全国的兽药监督管理工作。

县级以上地方人民政府兽医行政管理部门负责本行政区域内的兽药监督管理工作。

第四条　国家实行兽用处方药和非处方药分类管理制度。兽用处方药和非处方药分类管理的办法和具体实施步骤，由国务院兽医行政管理部门规定。

第五条 国家实行兽药储备制度。

发生重大动物疫情、灾情或者其他突发事件时，国务院兽医行政管理部门可以紧急调用国家储备的兽药；必要时，也可以调用国家储备以外的兽药。

第二章 新兽药研制

第六条 国家鼓励研制新兽药，依法保护研制者的合法权益。

第七条 研制新兽药，应当具有与研制相适应的场所、仪器设备、专业技术人员、安全管理规范和措施。

研制新兽药，应当进行安全性评价。从事兽药安全性评价的单位应当遵守国务院兽医行政管理部门制定的兽药非临床研究质量管理规范和兽药临床试验质量管理规范。

省级以上人民政府兽医行政管理部门应当对兽药安全性评价单位是否符合兽药非临床研究质量管理规范和兽药临床试验质量管理规范的要求进行监督检查，并公布监督检查结果。

第八条 研制新兽药，应当在临床试验前向临床试验场所所在地省、自治区、直辖市人民政府兽医行政管理部门备案，并附具该新兽药实验室阶段安全性评价报告及其他临床前研究资料。

研制的新兽药属于生物制品的，应当在临床试验前向国务院兽医行政管理部门提出申请，国务院兽医行政管理部门应当自收到申请之日起60个工作日内将审查结果书面通知申请人。

研制新兽药需要使用一类病原微生物的，还应当具备国务院兽医行政管理部门规定的条件，并在实验室阶段前报国务院兽医行政管理部门批准。

第九条　临床试验完成后，新兽药研制者向国务院兽医行政管理部门提出新兽药注册申请时，应当提交该新兽药的样品和下列资料：

（一）名称、主要成分、理化性质；

（二）研制方法、生产工艺、质量标准和检测方法；

（三）药理和毒理试验结果、临床试验报告和稳定性试验报告；

（四）环境影响报告和污染防治措施。

研制的新兽药属于生物制品的，还应当提供菌（毒、虫）种、细胞等有关材料和资料。菌（毒、虫）种、细胞由国务院兽医行政管理部门指定的机构保藏。

研制用于食用动物的新兽药，还应当按照国务院兽医行政管理部门的规定进行兽药残留试验并提供休药期、最高残留限量标准、残留检测方法及其制定依据等资料。

国务院兽医行政管理部门应当自收到申请之日起10个工作日内，将决定受理的新兽药资料送其设立的兽药评审机构进行评审，将新兽药样品送其指定的检验机构复核检验，并自收到评审和复核检验结论之日起60个工作日内完成审查。审查合格的，发给新兽药注册证书，并发布该兽药的质量标准；不合格的，应当书面通知申请人。

第十条　国家对依法获得注册的、含有新化合物的兽药的申请人提交的其自己所取得且未披露的试验数据和其他数据实施保护。

自注册之日起6年内，对其他申请人未经已获得注册兽药的申请人同意，使用前款规定的数据申请兽药注册的，兽药注册机关不予注册；但是，其他申请人提交其自己所取得的数据的除外。

除下列情况外，兽药注册机关不得披露本条第一款规定的数据：

（一）公共利益需要；

（二）已采取措施确保该类信息不会被不正当地进行商业使用。

第三章 兽药生产

第十一条 从事兽药生产的企业，应当符合国家兽药行业发展规划和产业政策，并具备下列条件：

（一）与所生产的兽药相适应的兽医学、药学或者相关专业的技术人员；

（二）与所生产的兽药相适应的厂房、设施；

（三）与所生产的兽药相适应的兽药质量管理和质量检验的机构、人员、仪器设备；

（四）符合安全、卫生要求的生产环境；

（五）兽药生产质量管理规范规定的其他生产条件。

符合前款规定条件的，申请人方可向省、自治区、直辖市人民政府兽医行政管理部门提出申请，并附具备符合前款规定条件的证明材料；省、自治区、直辖市人民政府兽医行政管理部门应当自收到申请之日起40个工作日内完成审查。经审查合格的，发给兽药生产许可证；不合格的，应当书面通知申请人。

第十二条 兽药生产许可证应当载明生产范围、生产地点、有效期和法定代表人姓名、住址等事项。

兽药生产许可证有效期为5年。有效期届满，需要继续生产兽药的，应当在许可证有效期届满前6个月到发证机关申请换发兽药生产许可证。

第十三条 兽药生产企业变更生产范围、生产地点的，应当依照本条例第十一条的规定申请换发兽药生产许可证；变更企业名称、法定代表人的，应当在办理工商变更登记手续后15个工作日内，到发证机关申请换发兽药生产许可证。

第十四条 兽药生产企业应当按照国务院兽医行政管理部门制定的兽药生产质量管理规范组织生产。

省级以上人民政府兽医行政管理部门，应当对兽药生产企业是否符合兽药生产质量管理规范的要求进行监督检查，并公布检查结果。

第十五条　兽药生产企业生产兽药，应当取得国务院兽医行政管理部门核发的产品批准文号，产品批准文号的有效期为5年。兽药产品批准文号的核发办法由国务院兽医行政管理部门制定。

第十六条　兽药生产企业应当按照兽药国家标准和国务院兽医行政管理部门批准的生产工艺进行生产。兽药生产企业改变影响兽药质量的生产工艺的，应当报原批准部门审核批准。

兽药生产企业应当建立生产记录，生产记录应当完整、准确。

第十七条　生产兽药所需的原料、辅料，应当符合国家标准或者所生产兽药的质量要求。

直接接触兽药的包装材料和容器应当符合药用要求。

第十八条　兽药出厂前应当经过质量检验，不符合质量标准的不得出厂。

兽药出厂应当附有产品质量合格证。

禁止生产假、劣兽药。

第十九条　兽药生产企业生产的每批兽用生物制品，在出厂前应当由国务院兽医行政管理部门指定的检验机构审查核对，并在必要时进行抽查检验；未经审查核对或者抽查检验不合格的，不得销售。

强制免疫所需兽用生物制品，由国务院兽医行政管理部门指定的企业生产。

第二十条　兽药包装应当按照规定印有或者贴有标签，附具说明书，并在显著位置注明“兽用”字样。

兽药的标签和说明书经国务院兽医行政管理部门批准并公布后，方可使用。

兽药的标签或者说明书，应当以中文注明兽药的通用名称、成分及其含量、规格、生产企业、产品批准文号（进口兽药注册证号）、产品批号、生产日期、有效期、适应证或者功能主治、用法、用量、休药期、禁忌、不良反应、注意事项、运输贮存保管条件及其他应当说明的内容。有商品名称的，还应当注明商品名称。

除前款规定的内容外，兽用处方药的标签或者说明书还应当印有国务院兽医行政管理部门规定的警示内容，其中兽用麻醉药品、精神药品、毒性药品和放射性药品还应当印有国务院兽医行政管理部门规定的特殊标志；兽用非处方药的标签或者说明书还应当印有国务院兽医行政管理部门规定的非处方药标志。

第二十一条　国务院兽医行政管理部门，根据保证动物产品质量安全和人体健康的需要，可以对新兽药设立不超过5年的监测期；在监测期内，不得批准其他企业生产或者进口该新兽药。生产企业应当在监测期内收集该新兽药的疗效、不良反应等资料，并及时报送国务院兽医行政管理部门。

第四章　兽药经营

第二十二条　经营兽药的企业，应当具备下列条件：

（一）与所经营的兽药相适应的兽药技术人员；

（二）与所经营的兽药相适应的营业场所、设备、仓库设施；

（三）与所经营的兽药相适应的质量管理机构或者人员；

（四）兽药经营质量管理规范规定的其他经营条件。

符合前款规定条件的，申请人方可向市、县人民政府兽医行政管理部门提出申请，并附具符合前款规定条件的证明材料；经营兽用生物制品的，应当向省、自治区、直辖市人民政府兽医行政管理部门提出申请，并附具符合前款规定条件的证明材料。

县级以上地方人民政府兽医行政管理部门，应当自收到申请之日起30个工作日内完成审查。审查合格的，发给兽药经营许可证；不合格的，应当书面通知申请人。

第二十三条　兽药经营许可证应当载明经营范围、经营地点、有效期和法定代表人姓名、住址等事项。

兽药经营许可证有效期为5年。有效期届满，需要继续经营兽药的，应当在许可证有效期届满前6个月到发证机关申请换发兽药经营许可证。

第二十四条　兽药经营企业变更经营范围、经营地点的，应当依照本条例第二十二条的规定申请换发兽药经营许可证；变更企业名称、法定代表人的，应当在办理工商变更登记手续后15个工作日内，到发证机关申请换发兽药经营许可证。

第二十五条　兽药经营企业，应当遵守国务院兽医行政管理部门制定的兽药经营质量管理规范。

县级以上地方人民政府兽医行政管理部门，应当对兽药经营企业是否符合兽药经营质量管理规范的要求进行监督检查，并公布检查结果。

第二十六条　兽药经营企业购进兽药，应当将兽药产品与产品标签或者说明书、产品质量合格证核对无误。

第二十七条　兽药经营企业，应当向购买者说明兽药的功能主治、用法、用量和注意事项。销售兽用处方药的，应当遵守兽用处方药管理办法。

兽药经营企业销售兽用中药材的，应当注明产地。

禁止兽药经营企业经营人用药品和假、劣兽药。

第二十八条　兽药经营企业购销兽药，应当建立购销记录。购销记录应当载明兽药的商品名称、通用名称、剂型、规格、批号、有效期、生产厂商、购销单位、购销数量、购销日期和国务院兽医行政管理部门规定的其他事项。

第二十九条　兽药经营企业，应当建立兽药保管制度，采取必要的冷藏、防冻、防潮、防虫、防鼠等措施，保持所经营兽药的质量。

兽药入库、出库，应当执行检查验收制度，并有准确记录。

第三十条　强制免疫所需兽用生物制品的经营，应当符合国务院兽医行政管理部门的规定。

第三十一条　兽药广告的内容应当与兽药说明书内容相一致，在全国重点媒体发布兽药广告的，应当经国务院兽医行政管理部门审查批准，取得兽药广告审查批准文号。在地方媒体发布兽药广告的，应当经省、自治区、直辖市人民政府兽医行政管理部门审查批准，取得兽药广告审查批准文号；未经批准的，不得发布。

第五章　兽药进出口

第三十二条　首次向中国出口的兽药，由出口方驻中国境内的办事机构或者其委托的中国境内代理机构向国务院兽医行政管理部门申请注册，并提交下列资料和物品：

（一）生产企业所在国家（地区）兽药管理部门批准生产、销售的证明文件。

（二）生产企业所在国家（地区）兽药管理部门颁发的符合兽药生产质量管理规范的证明文件。

（三）兽药的制造方法、生产工艺、质量标准、检测方法、药理和毒理试验结果、临床试验报告、稳定性试验报告及其他相关资料；用于食用动物的兽药的休药期、最高残留限量标准、残留检测方法及其制定依据等资料。

（四）兽药的标签和说明书样本。

（五）兽药的样品、对照品、标准品。

（六）环境影响报告和污染防治措施。

（七）涉及兽药安全性的其他资料。

申请向中国出口兽用生物制品的，还应当提供菌（毒、虫）种、细胞等有关材料和资料。

第三十三条　国务院兽医行政管理部门，应当自收到申请之日起10个工作日内组织初步审查。经初步审查合格的，应当将决定受理的兽药资料送其设立的兽药评审机构进行评审，将该兽药样品送其指定的检验机构复核检验，并自收到评审和复核检验结论之日起60个工作日内完成审查。经审查合格的，发给进口兽药注册证书，并发布该兽药的质量标准；不合格的，应当书面通知申请人。

在审查过程中，国务院兽医行政管理部门可以对向中国出口兽药的企业是否符合兽药生产质量管理规范的要求进行考查，并有权要求该企业在国务院兽医行政管理部门指定的机构进行该兽药的安全性和有效性试验。

国内急需兽药、少量科研用兽药或者注册兽药的样品、对照品、标准品的进口，按照国务院兽医行政管理部门的规定办理。

第三十四条　进口兽药注册证书的有效期为5年。有效期届满，需要继续向中国出口兽药的，应当在有效期届满前6个月到发证机关申请再注册。

第三十五条　境外企业不得在中国直接销售兽药。境外企业在中国销售兽药，应当依法在中国境内设立销售机构或者委托符合条件的中国境内代理机构。

进口在中国已取得进口兽药注册证书的兽药的，中国境内代理机构凭进口兽药注册证书到口岸所在地人民政府兽医行政管理部门办理进口兽药通关单。海关凭进口兽药通关单放行。兽药进口管理办法由国务院兽医行政管理部门会同海关总署制定。

兽用生物制品进口后，应当依照本条例第十九条的规定进行审查核对和抽查检验。其他兽药进口后，由当地兽医行政管理部门通知兽药检验机构进行抽查检验。

第三十六条 禁止进口下列兽药：

（一）药效不确定、不良反应大以及可能对养殖业、人体健康造成危害或者存在潜在风险的；

（二）来自疫区可能造成疫病在中国境内传播的兽用生物制品；

（三）经考查生产条件不符合规定的；

（四）国务院兽医行政管理部门禁止生产、经营和使用的。

第三十七条 向中国境外出口兽药，进口方要求提供兽药出口证明文件的，国务院兽医行政管理部门或者企业所在地的省、自治区、直辖市人民政府兽医行政管理部门可以出具出口兽药证明文件。

国内防疫急需的疫苗，国务院兽医行政管理部门可以限制或者禁止出口。

第六章 兽药使用

第三十八条 兽药使用单位，应当遵守国务院兽医行政管理部门制定的兽药安全使用规定，并建立用药记录。

第三十九条 禁止使用假、劣兽药以及国务院兽医行政管理部门规定禁止使用的药品和其他化合物。禁止使用的药品和其他化合物目录由国务院兽医行政管理部门制定公布。

第四十条 有休药期规定的兽药用于食用动物时，饲养者应当向购买者或者屠宰者提供准确、真实的用药记录；购买者或者屠宰者应当确保动物及其产品在用药期、休药期内不被用于食品消费。

第四十一条 国务院兽医行政管理部门，负责制定公布在饲料中允许添加的药物饲料添加剂品种目录。

禁止在饲料和动物饮用水中添加激素类药品和国务院兽医行政管理部门规定的其他禁用药品。

经批准可以在饲料中添加的兽药，应当由兽药生产企业制成药物饲料添加剂后方可添加。禁止将原料药直接添加到饲料及动物饮用水中或者直接饲喂动物。

禁止将人用药品用于动物。

第四十二条　国务院兽医行政管理部门，应当制定并组织实施国家动物及动物产品兽药残留监控计划。

县级以上人民政府兽医行政管理部门，负责组织对动物产品中兽药残留量的检测。兽药残留检测结果，由国务院兽医行政管理部门或者省、自治区、直辖市人民政府兽医行政管理部门按照权限予以公布。

动物产品的生产者、销售者对检测结果有异议的，可以自收到检测结果之日起7个工作日内向组织实施兽药残留检测的兽医行政管理部门或者其上级兽医行政管理部门提出申请，由受理申请的兽医行政管理部门指定检验机构进行复检。

兽药残留限量标准和残留检测方法，由国务院兽医行政管理部门制定发布。

第四十三条　禁止销售含有违禁药物或者兽药残留量超过标准的食用动物产品。

第七章　兽药监督管理

第四十四条　县级以上人民政府兽医行政管理部门行使兽药监督管理权。

兽药检验工作由国务院兽医行政管理部门，省、自治区、直辖市人民政府兽医行政管理部门设立的兽药检验机构承担。国务院兽医行政管理部门，可以根据需要认定其他检验机构承担兽药检验工作。

当事人对兽药检验结果有异议的，可以自收到检验结果之日起7个工作日内向实施检验的机构或者上级兽医行政管理部门设立的检验机构申请复检。

第四十五条　兽药应当符合兽药国家标准。

国家兽药典委员会拟定的、国务院兽医行政管理部门发布的《中华人民共和国兽药典》和国务院兽医行政管理部门发布的其他兽药质量标准为兽药国家标准。

兽药国家标准的标准品和对照品的标定工作由国务院兽医行政管理部门设立的兽药检验机构负责。

第四十六条　兽医行政管理部门依法进行监督检查时，对有证据证明可能是假、劣兽药的，应当采取查封、扣押的行政强制措施，并自采取行政强制措施之日起7个工作日内作出是否立案的决定；需要检验的，应当自检验报告书发出之日起15个工作日内作出是否立案的决定；不符合立案条件的，应当解除行政强制措施；需要暂停生产的，由国务院兽医行政管理部门或者省、自治区、直辖市人民政府兽医行政管理部门按照权限作出决定；需要暂停经营、使用的，由县级以上人民政府兽医行政管理部门按照权限作出决定。

未经行政强制措施决定机关或者其上级机关批准，不得擅自转移、使用、销毁、销售被查封或者扣押的兽药及有关材料。

第四十七条　有下列情形之一的，为假兽药：

（一）以非兽药冒充兽药或者以他种兽药冒充此种兽药的；

（二）兽药所含成分的种类、名称与兽药国家标准不符合的。

有下列情形之一的，按照假兽药处理：

（一）国务院兽医行政管理部门规定禁止使用的；

（二）依照本条例规定应当经审查批准而未经审查批准即生产、进口的，或者依照本条例规定应当经抽查检验、审查核对而未经抽查检验、审查核对即销售、进口的；

（三）变质的；

（四）被污染的；

（五）所标明的适应证或者功能主治超出规定范围的。

第四十八条　有下列情形之一的，为劣兽药：

（一）成分含量不符合兽药国家标准或者不标明有效成分的；

（二）不标明或者更改有效期或者超过有效期的；

（三）不标明或者更改产品批号的；

（四）其他不符合兽药国家标准，但不属于假兽药的。

第四十九条　禁止将兽用原料药拆零销售或者销售给兽药生产企业以外的单位和个人。

禁止未经兽医开具处方销售、购买、使用国务院兽医行政管理部门规定实行处方药管理的兽药。

第五十条　国家实行兽药不良反应报告制度。

兽药生产企业、经营企业、兽药使用单位和开具处方的兽医人员发现可能与兽药使用有关的严重不良反应，应当立即向所在地人民政府兽医行政管理部门报告。

第五十一条　兽药生产企业、经营企业停止生产、经营超过6个月或者关闭的，由发证机关责令其交回兽药生产许可证、兽药经营许可证。

第五十二条　禁止买卖、出租、出借兽药生产许可证、兽药经营许可证和兽药批准证明文件。

第五十三条　兽药评审检验的收费项目和标准，由国务院财政部门会同国务院价格主管部门制定，并予以公告。

第五十四条　各级兽医行政管理部门、兽药检验机构及其工作人员，不得参与兽药生产、经营活动，不得以其名义推荐或者监制、监销兽药。

第八章 法律责任

第五十五条 兽医行政管理部门及其工作人员利用职务上的便利收取他人财物或者谋取其他利益，对不符合法定条件的单位和个人核发许可证、签署审查同意意见，不履行监督职责，或者发现违法行为不予查处，造成严重后果，构成犯罪的，依法追究刑事责任；尚不构成犯罪的，依法给予行政处分。

第五十六条 违反本条例规定，无兽药生产许可证、兽药经营许可证生产、经营兽药的，或者虽有兽药生产许可证、兽药经营许可证，生产、经营假、劣兽药的，或者兽药经营企业经营人用药品的，责令其停止生产、经营，没收用于违法生产的原料、辅料、包装材料及生产、经营的兽药和违法所得，并处违法生产、经营的兽药（包括已出售的和未出售的兽药，下同）货值金额2倍以上5倍以下罚款，货值金额无法查证核实的，处10万元以上20万元以下罚款；无兽药生产许可证生产兽药，情节严重的，没收其生产设备；生产、经营假、劣兽药，情节严重的，吊销兽药生产许可证、兽药经营许可证；构成犯罪的，依法追究刑事责任；给他人造成损失的，依法承担赔偿责任。生产、经营企业的主要负责人和直接负责的主管人员终身不得从事兽药的生产、经营活动。

擅自生产强制免疫所需兽用生物制品的，按照无兽药生产许可证生产兽药处罚。

第五十七条 违反本条例规定，提供虚假的资料、样品或者采取其他欺骗手段取得兽药生产许可证、兽药经营许可证或者兽药批准证明文件的，吊销兽药生产许可证、兽药经营许可证或者撤销兽药批准证明文件，并处5万元以上10万元以下罚款；给他人造成损失的，依法承担赔偿责任。其主要负责人和直接负责的主管人员终身不得从事兽药的生产、经营和进出口活动。

第五十八条　买卖、出租、出借兽药生产许可证、兽药经营许可证和兽药批准证明文件的，没收违法所得，并处1万元以上10万元以下罚款；情节严重的，吊销兽药生产许可证、兽药经营许可证或者撤销兽药批准证明文件；构成犯罪的，依法追究刑事责任；给他人造成损失的，依法承担赔偿责任。

第五十九条　违反本条例规定，兽药安全性评价单位、临床试验单位、生产和经营企业未按照规定实施兽药研究试验、生产、经营质量管理规范的，给予警告，责令其限期改正；逾期不改正的，责令停止兽药研究试验、生产、经营活动，并处5万元以下罚款；情节严重的，吊销兽药生产许可证、兽药经营许可证；给他人造成损失的，依法承担赔偿责任。

违反本条例规定，研制新兽药不具备规定的条件擅自使用一类病原微生物或者在实验室阶段前未经批准的，责令其停止实验，并处5万元以上10万元以下罚款；构成犯罪的，依法追究刑事责任；给他人造成损失的，依法承担赔偿责任。

违反本条例规定，开展新兽药临床试验应当备案而未备案的，责令其立即改正，给予警告，并处5万元以上10万元以下罚款；给他人造成损失的，依法承担赔偿责任。

第六十条　违反本条例规定，兽药的标签和说明书未经批准的，责令其限期改正；逾期不改正的，按照生产、经营假兽药处罚；有兽药产品批准文号的，撤销兽药产品批准文号；给他人造成损失的，依法承担赔偿责任。

兽药包装上未附有标签和说明书，或者标签和说明书与批准的内容不一致的，责令其限期改正；情节严重的，依照前款规定处罚。

第六十一条　违反本条例规定，境外企业在中国直接销售兽药的，责令其限期改正，没收直接销售的兽药和违法所得，并处5万元以上10万元以下罚款；情节严重的，吊销进口兽药注册证书；给他人造成损失的，依法承担赔偿责任。

第六十二条 违反本条例规定，未按照国家有关兽药安全使用规定使用兽药的、未建立用药记录或者记录不完整真实的，或者使用禁止使用的药品和其他化合物的，或者将人用药品用于动物的，责令其立即改正，并对饲喂了违禁药物及其他化合物的动物及其产品进行无害化处理；对违法单位处1万元以上5万元以下罚款；给他人造成损失的，依法承担赔偿责任。

第六十三条 违反本条例规定，销售尚在用药期、休药期内的动物及其产品用于食品消费的，或者销售含有违禁药物和兽药残留超标的动物产品用于食品消费的，责令其对含有违禁药物和兽药残留超标的动物产品进行无害化处理，没收违法所得，并处3万元以上10万元以下罚款；构成犯罪的，依法追究刑事责任；给他人造成损失的，依法承担赔偿责任。

第六十四条 违反本条例规定，擅自转移、使用、销毁、销售被查封或者扣押的兽药及有关材料的，责令其停止违法行为，给予警告，并处5万元以上10万元以下罚款。

第六十五条 违反本条例规定，兽药生产企业、经营企业、兽药使用单位和开具处方的兽医人员发现可能与兽药使用有关的严重不良反应，不向所在地人民政府兽医行政管理部门报告的，给予警告，并处5000元以上1万元以下罚款。

生产企业在新兽药监测期内不收集或者不及时报送该新兽药的疗效、不良反应等资料的，责令其限期改正，并处1万元以上5万元以下罚款；情节严重的，撤销该新兽药的产品批准文号。

第六十六条 违反本条例规定，未经兽医开具处方销售、购买、使用兽用处方药的，责令其限期改正，没收违法所得，并处5万元以下罚款；给他人造成损失的，依法承担赔偿责任。

第六十七条 违反本条例规定，兽药生产、经营企业把原料药销售给兽药生产企业以外的单位和个人的，或者兽药经营企业拆零销售原料药的，责令其立即改正，给予警告，没收违法所得，并处2万元以上5万元以下罚款；情节严重的，吊销兽药生产许可证、兽药经营许可证；给他人造成损失的，依法承担赔偿责任。

第六十八条　违反本条例规定，在饲料和动物饮用水中添加激素类药品和国务院兽医行政管理部门规定的其他禁用药品，依照《饲料和饲料添加剂管理条例》的有关规定处罚；直接将原料药添加到饲料及动物饮用水中，或者饲喂动物的，责令其立即改正，并处1万元以上3万元以下罚款；给他人造成损失的，依法承担赔偿责任。

第六十九条　有下列情形之一的，撤销兽药的产品批准文号或者吊销进口兽药注册证书：

（一）抽查检验连续2次不合格的；

（二）药效不确定、不良反应大以及可能对养殖业、人体健康造成危害或者存在潜在风险的；

（三）国务院兽医行政管理部门禁止生产、经营和使用的兽药。

被撤销产品批准文号或者被吊销进口兽药注册证书的兽药，不得继续生产、进口、经营和使用。已经生产、进口的，由所在地兽医行政管理部门监督销毁，所需费用由违法行为人承担；给他人造成损失的，依法承担赔偿责任。

第七十条　本条例规定的行政处罚由县级以上人民政府兽医行政管理部门决定；其中吊销兽药生产许可证、兽药经营许可证，撤销兽药批准证明文件或者责令停止兽药研究试验的，由发证、批准、备案部门决定。

上级兽医行政管理部门对下级兽医行政管理部门违反本条例的行政行为，应当责令限期改正；逾期不改正的，有权予以改变或者撤销。

第七十一条　本条例规定的货值金额以违法生产、经营兽药的标价计算；没有标价的，按照同类兽药的市场价格计算。

第九章 附 则

第七十二条 本条例下列用语的含义是：

（一）兽药，是指用于预防、治疗、诊断动物疾病或者有目的地调节动物生理机能的物质（含药物饲料添加剂），主要包括：血清制品、疫苗、诊断制品、微生态制品、中药材、中成药、化学药品、抗生素、生化药品、放射性药品及外用杀虫剂、消毒剂等。

（二）兽用处方药，是指凭兽医处方方可购买和使用的兽药。

（三）兽用非处方药，是指由国务院兽医行政管理部门公布的、不需要凭兽医处方就可以自行购买并按照说明书使用的兽药。

（四）兽药生产企业，是指专门生产兽药的企业和兼产兽药的企业，包括从事兽药分装的企业。

（五）兽药经营企业，是指经营兽药的专营企业或者兼营企业。

（六）新兽药，是指未曾在中国境内上市销售的兽用药品。

（七）兽药批准证明文件，是指兽药产品批准文号、进口兽药注册证书、出口兽药证明文件、新兽药注册证书等文件。

第七十三条 兽用麻醉药品、精神药品、毒性药品和放射性药品等特殊药品，依照国家有关规定管理。

第七十四条 水产养殖中的兽药使用、兽药残留检测和监督管理以及水产养殖过程中违法用药的行政处罚，由县级以上人民政府渔业主管部门及其所属的渔政监督管理机构负责。

第七十五条 本条例自2004年11月1日起施行。

参考文献

[1] 田允波，曾书琴，陈学进，等 . 哺乳动物原始卵泡生长启动的调控 [J]. 农业生物技术学报，2006，14（4）：618-624.

[2] Ginther OJ. The theory of follicle selection in cattle[J]. Domestic Animal Endocrinology，2016，57（1）：85-99.

[3] 森纯一，金川宏司，浜名克己 . 兽医繁殖学 [M]. 第二版. 东京：文永堂出版株式会社，2003.

[4] CROWE M A，DISKIN M G，WILLIAMS E J.Parturition to resumption of ovarian cyclicity：Comparative aspects of beef and dairy cows[J].Animal An International Journal of Animal Bioscience，2014（S1）：40-53.

[5] FOOTE R H，ELLINGTOLL J E. Is a superovulated oocyte normal[J]. Theriogenology，1988，29：111-117.

[6] 贺初勤 . 不同牛粪营养成分与脱水方法研究 [J]. 湖南畜牧兽医，2016，3：33-34.

[7] 陈瑶，王树进 . 我国畜禽集约化养殖环境压力及国外环境治理的启示 [J]. 长江流域资源与环境，2014，6：862-868.

[8] 赵占楠，赵继红，马闯，等 . 污泥堆肥过程中挥发性有机物（VOCs）的研究进展 [J]. 环境工程，2014，32（11）：93-97.

[9] 李倩倩，吴洁，刘军彪，等. 发酵床在奶牛养殖中应用的技术措施 [J]. 中国奶牛，2019（2）：1-4.

[10] 昝林森 . 牛生产学 [M]. 第三版 . 北京：中国农业出版社，2017.

[11] 冀一伦 . 实用养牛科学 [M]. 第二版 . 北京：中国农业出版社，2005.